엄마표
우리아이 첫 미술놀이 150

엄마가 전하는 tip!

- 캔버스가 없다면 우드락에 광목 천을 씌워도 좋아요.
- 팔레트가 없을 때에는 일회용 접시나 포장 플라스틱 등에 은박지를 씌워 사용해도 괜찮아요.
- 액자가 없을 때에는 종이 테이프나 전기 테이프로 테두리를 둘러도 좋아요.
- 종이컵 1컵은 90g이니 전자저울이 없을 때에는 종이컵으로 맞춰서 계량하면 편해요.
- 아이가 만든 작품 뒤에 도화지를 붙이고 송곳으로 구멍을 내어 끈을 묶으며 액자가 되어요.
- 아이 작품은 투명 파일에 보관하면 좋아요.
- 보관하기 어려운 부피가 큰 것은 사진을 찍어서 간직하면 아이와 추억을 이야기하기 좋아요.
- 간혹 재료가 사진에서 빠진 것도 있을 수 있어요. 준비물에 써 둔 것을 보고 잘 준비해 주시면 좋습니다.

엄마표

우리아이
첫
미술놀이
150

티나

prslogue

어린 시절을 떠올려 보면, 하루 종일 바닷가 모래사장에 앉아서 놀았던 기억이 떠오릅니다. 그때 평화로웠던 바닷소리와 아이들의 웃음소리가 지금도 귓가에 들리는 것처럼 생생하지요.

시간이 흘러, 어느새 저도 결혼을 하고 예쁜 아이를 낳아 엄마가 되었습니다. 하지만 생각했던 만큼 육아는 제 시간을 허락하지 않더군요. 취미였던 '음악을 들으며 그림 그리는 것'도 바쁜 육아로 인해 마음껏 할 수 없었고 아이가 두 돌이 될 무렵에는 우울한 감정이 자주 들었습니다. '더 이상 이렇게 살 수 없다'는 생각이 들었습니다. 그리고 나를 위해, 그리고 아이를 위해 '아이와 엄마의 행복 지수를 높이는 미술 놀이'를 시작했습니다.

아이가 네 살이 될 무렵, 미세 먼지가 뉴스에 연일 보도되었고, 다섯 살 무렵에는 코로나19가 전 세계로 퍼지면서 급격히 달라진 환경을 맞이했습니다. 아이와 엄마는 집에 더 많이 머무르는 환경이 되어버렸지요. 하지만 놀이에 몰두하기에는 더 좋은 환경이 되었습니다. 정해진 시간의 제약도 없이, 자유로운 분위기 속에서 즐겁게 하는 활동이기에 집은 최적의 장소였습니다.

함께 욕실에서 가루를 가지고 놀고, 붓으로 벽에 그림을 그렸습니다. 아이들은 관계적 경험을 통해 행복을 느끼기 때문에 아이는 아주 신나 했고, 몇 시간을 깔깔거리며 즐겁게 놀았지요. 그 모습을 보는 엄마인 저도 행복 호르몬인 옥시토신이 늘어난 기분을 느꼈습니다!

아이가 언어에 제약이 있는 유아기 시절, 내적인 욕구와 말하지 못하는 감정을 자유롭게 표현할 수 있도록 큰 전지를 벽에 붙여두고 8절 도화지 100장을 손에 닿는 곳에 놓아 두었더니 아이는 매일 여러 장씩 꺼내 그림을 그리며 자유롭게 자신의 마음을 표현했습니다. 엄마인 제가 보아도 아이의 정서가 순화되는 것을 느낄 수 있었지요. 자기 표현의 즐거움과 만족감이 늘어난 덕분에 몇 개월 후에는 확실히 상상력과 사고력도 늘어난 것을 느꼈습니다!

두부, 쌀, 커피 가루, 밀가루 등으로 마음껏 오감 만족 촉감 놀이를 하는 날은 온몸의 감각이 자극되어 창의력도 촉진되고, 놀이 과정에서 언어 표현력이 높아졌습니다. 이렇게 한 번씩 놀아보니 아이는 긍정적인 감정을 자주 표현하고, 눈에 띄게 자신감과 표현력이 늘어났지요.

미술은 또 다른 언어입니다. 말로 하지 못한 것들도 그림을 통해 아이의 감정을 마음껏 표현할 수 있는 것을 알기에 아이의 생각과 상상력을 자유롭게 표현할 수 있도록 기법 활용 미술놀이를 했습니다. 단지 미술 실력을 높여주는 게 목적이 아니라 아이의 마음을 알고, 의사소통을 하며, 아이와 함께 교감하고 싶었기 때문입니다.

그런데 놀이를 했을 뿐인데 창의력과 사고력과 집중력까지 길러지는 것을 보았고 때로는 아이의 마음에 있는 작은 상처까지 치유하는 효과도 있음을 알게되었지요. 칭찬을 통해 매사 적극적으로 변해가며 자신감이 생기니 처음 만난친구에게도 먼저 다가가 "같이 놀래?"라고 제안하는 사교성 좋은 아이로 변했습니다.

엄마표 미술 놀이는 주입식 교육이 아니라 자기 주도적 사고 활동입니다. 아이가 원하는 색을 마음껏 채색하며 독창적인 사고를 키울 수 있고, 그 시간 동안 재미있게 깔깔 웃으며 신나게 놀면서 힐링도 얻을 수 있었습니다.

철학자 호이징가는 이렇게 말했지요. "참되고 순수한 놀이 그 자체는 문화 예술의 기초 중의 하나이며 문화 예술에 있어서 최고의 형태는 놀이에 있다"라고요. 호이징가의 말처럼 놀이의 힘은 대단했습니다.

무엇부터 그려야 할지 잘 모르겠다면 유명한 화가들의 작품을 아이와 함께 감상한 뒤 따라 그리기를 해 보세요. 종이에 피카소의 작품을 따라 그리면 얼굴의 앞모습과 옆모습이 같이 있는 것을 재미있게 보고, 자유롭게 그리는 방법을 터득하게 되지요. 어릴 때부터 미적 안목을 기르면 색에 대한 감각이 늘어나고 심미성이 증거합니다. 아이가 그린 그림을 보며 "네가 그린 그림에 대해 엄마에게 설명해 줄 수 있겠니?" 질문하면서 자연스럽게 아이의 감정을 말할 수 있도록 이끌어 주세요. 어느새 생각과 표현력이 훌쩍 커 있을 거예요.

인간은 누구나 창조적인 능력이 있고, 무언가 만들고 싶은 욕구가 있습니다. 어느 날은 엄마와 함께 요리를 해 보고 싶어 하는 아이에게 머핀 케이크 반죽위에 아몬드를 넣는 것을 해 보게 했지요. 궁금한 것 투성이인 네 살이 되었을때에는 '돈가스, 핫도그, 햄버거는 어떻게 만드는 걸까? 나도 케이크를 만들 수있을까?'에 대한 호기심이 생겨 밀가루 반죽을 하고 계란물을 만드는 것을 해

prologue

보게 했고요. 아이의 호기심을 채워주려는 엄마의 작은 노력은 엄마표 요리 미술이 되어 아이의 인내심과 지적 성장을 이룰 수 있었습니다.

여섯 살이 된 지금은 세상 궁금한 것이 더 많아졌습니다. "왜?" "어떻게?"라는 과학 질문이 쏟아지는 시기이지요. 책이나 영화를 보다 보면 "나도 열기구를 타고 싶어요!" "외계인을 만나고 싶어요!" 등의 이야기를 하고는 합니다. 그래서 우리는 재활용품을 이용해 열기구, 악기, UFO 등을 만들기 시작했습니다. 그랬더니 아이는 주변의 세계와 사물을 섬세하고 유심히 탐색하기 시작했고 길을 가다 재활용품을 보면 "우리 이걸로 로봇을 만들어요!"라고 먼저 아이디어를 제시하기도 합니다. 관찰력이 길러진 것이지요.

어느 날은 정전기를 일으키는 현상을 보고 까르르 웃음이 터집니다. 아이는 작은 것이라도 직접 만든 것에 크게 기뻐하고, 이 과정을 통해 평생 잊지 못할 행복한 추억을 갖게 되었지요.

책을 만들며 그동안 미술 놀이하는 아이의 모습을 찍은 사진을 보니 우리의 특별했던 추억이 정말 많이 생겼다는 것을 새삼 알게 되었습니다. 아이와 함께 만든 요리를 친구들에게 나눠주며 뿌듯해하고, 그렇게 친해진 친구들과 미술 놀이를 함께 하면서 협동심도 기를 수 있었습니다.

도스토옙스키의 소설 《카라마조프가의 형제들》을 보면 다음과 같은 구절이 나옵니다.

"어린 시절의 즐거운 추억이 많은 아이는 삶이 끝나는 날까지 안전할 거야."

미술에 관한 전문 지식이 없더라도 할 수 있는 게 엄마표 미술 놀이입니다. 아이들의 행복 조건은 단순하기 때문입니다. 그저 아이의 관심사를 이해하고, 단 10분이라도 함께 놀아주고 즐거워하는 친밀한 사람이 있으면 됩니다. 아이에게는 그게 엄마 아빠이고요.

이 책을 통해 프리드리히 니체가 말한 "최고의 가르침을 아이에게 웃는 법을 가르치는 것이다"처럼 아이와 함께 많이 웃는 시간을 가질 수 있기를 바랍니다. 엄마와 아이가 함께 하는 미술 놀이는 우리 아이들의 잠재된 능력을 개발하고 사회성에 큰 도움이 될 것이라고 확신합니다.

귀하고 소중한 시간을 함께 하고, 기쁨과 환희를 많이 느끼게 해 준 존에게 정말 많이 고맙다는 말을 전하고 싶습니다. 또한 이 책에 함께해 준, 이제는 엄마가 된 내 어릴 적 소중한 친구들과 아이 덕분에 만난 주위의 엄마들, 그리고 예쁜 아이들까지… 곁에서 많은 응원을 보내준 분들께 진심으로 감사합니다.

이 책이 조금이라도 도움이 되길, 그리고 모든 가정에 건강과 행운이 가득하길 기도합니다.

오승희

c&ntents

contents

Part 4

성취감과 자신감을 향상하는
만들기 놀이

Part 5

미술 감성과 과학적 이성을
동시에 자극하는
학습 놀이

Part 6

창의력과 상상력을 키우는 오감 자극
요리 놀이

'엄마표 미술 놀이' 재료

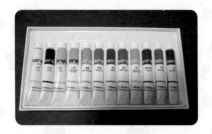

1 아크릴 물감

모든 바탕 재료에 착색할 수 있습니다. 유화 물감에 비해 사용이 쉽고 건조가 빨라 아이들 그림에 유용하게 쓸 수 있습니다. 굳은 뒤에는 물에 녹지 않는 성질을 가지고 있습니다. 완화제인 리타더(retarder)를 사용하면 물감의 건조 속도를 느리게 할 수 있습니다.

2 수채화 물감

물을 이용하는 물감으로 물을 많이 칠해 자연스럽게 번지는 '번지기 효과, 흘리기 효과' 등을 할 수 있습니다. 아이들은 약통에 물과 수채화물감 한두 방을 섞으면 붓 없이도 사용할 수 있습니다. 여러 번 재사용이 가능합니다.

3 크레파스, 색연필

크레파스는 파라핀 왁스를 녹인 다음 색 가루를 섞어서 만든 것으로 기름기가 있어서 가루가 날리지 않고 광택이 납니다. 색연필 역시 파라핀과 색 가루로 만드는 미술 도구지만 흑연을 주로 사용한다는 차이점이 있습니다. 크레파스와 색연필은 아이들이 손쉽게 사용할 수 있는 재료입니다.

4 마커, 사인펜

마커는 그림을 그리고 채색할 때 쓰는 도구 중 하나인데 색의 종류가 다양하고 손에 묻어남이 사인펜보다 적어 아이들이 사용하기 더욱 좋습니다. 수채화 느낌과 광택 효과가 있습니다. 사인펜은 수성(水性)잉크를 넣은 필기도구의 하나인데 그림 테두리에 선을 표현하기 좋습니다.

5 유성 매직, 네임펜

유성 매직은 수성펜을 사용하기 어려운 포일, 비닐, 플라스틱 등에 사용할 때 유용합니다. 네임펜은 손에 묻어나지 않아서 아이들이 ohp 필름에 쓰기 좋습니다.

6 점토

부드럽고 끈끈한 성질을 이용하여 다양한 조형물을 만들 수 있습니다. 유아가 점토를 주무르면서 도구를 이용하면 소근육, 창의력, 상상력이 발달합니다. 손 닿는 곳에 점토와 도구를 놓아두면 언제든 표현력에 도움이 됩니다. 지점토와 찰흙도 자유로운 만들기를 하면서 정서 안정 효과를 얻을 수 있습니다.

7 백업, 모루

백업과 모루는 여러 가지 굵기가 판매되고 있으며 만들기와 꾸미기 등 다양하게 활용됩니다. 백업은 스티로폼 수수깡보다는 자유롭게 휘고 적당한 강도가 있고, 모루는 원하는 대로 잘 휘어지는 특성을 가지고 있어서 다양하게 자유로운 표현을 할 수 있습니다.

8 캔버스

크기와 모양이 다양합니다. 아크릴, 유화 물감 등 다양한 재료를 이용해서 예술작품을 만들 수 있습니다. 목재 위에 면 천을 씌워 놓은 캔버스는 도화지보다 튼튼해서 그림을 그린 아이의 작품을 집에 전시하기 좋습니다.

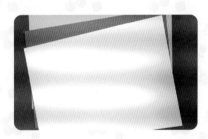

9 도화지

색이 다양해서 원하는 색을 골라서 사용할 수 있습니다. 아이 손이 닿는 곳에 놓아두면 언제든지 자유롭게 그림을 그리거나 종이를 접거나 찢는 등의 활동을 할 수 있습니다. 스케치북 크기인 8절지를 색연필과 함께 여러 장 놓아두면 아이들의 표현력을 높이는 데에 도움이 됩니다.

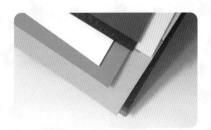

10 EVA 스펀지 시트

고무판과 달리 부드럽고 재단이 용이해서 만들기 재료로 많이 사용합니다. EVA 지는 뒷면이 비접착입니다. 두께는 2mm, 3mm, 5mm 등으로 다양합니다. 동네 문구점 등에서도 구매가 가능하지만 혹시 만들기를 할 때 EVA 지를 구하지 못했을 때에는 마분지로도 대체 가능합니다.

11 OHP 필름지

OHP 필름은 투명 재질로 뒷면의 내용이 완전히 비칩니다. 아이들 미술 놀이에 활용도가 높으니 A4 사이즈로 집에 구비해 놓으면 유용합니다. 네임펜으로 바로 그림을 그려도 되고 도안 위에 올려 그림 연습을 해 볼 수도 있으며 세차장 등의 투명한 창을 표현할 때 쓰이기도 합니다.

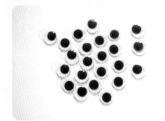

12 무빙 아이

인형 눈으로 쓰는 무빙 아이는 만들기를 할 때 필수 재료입니다. 눈 앞뒷면에 접착처리가 되어 있는 접착 눈알 스티커형을 구매하면 아이들이 직접 붙이기 더 편리합니다. 표정을 그리거나 동물 표현을 할 때 자주 쓰이며 아이들이 재미있게 만들기를 할 수 있습니다.

13 가시메 리벳

양쪽이 같은 모양으로 나오는 양면 가시메 리벳을 구비해 놓으면 관절이 움직이는 인형 만들기나 자동차의 굴러가는 바퀴를 표현할 때 유용합니다. 가시메 리벳이 없을 경우 할핀도 가능한데 할핀은 다리 부분이 두 갈래로 갈라지는 핀으로 고정력이 좋아 잘 떨어지지 않습니다.

14 아이스크림 막대기

'하드 스틱'이라고도 하는 아이스크림 막대기는 컬러가 다양해 여러 가지 만들기용으로 많이 사용되고 있습니다. 기본색을 구입했을 때에는 마커나 아크릴 물감 등을 이용해 원하는 색으로 칠해서 사용할 수 있습니다.

15 종이테이프, 테이프

여러 가지 테이프를 구비해 놓으면 만들기 작업할 때에 유용합니다. 종이 테이프, 전기 테이프, 유리 테이프 등은 간단한 부착과 고정이 필요할 때 쓰이는데 테이프를 자를 때에는 어린이 가위를 사용하면 좋습니다. 종이 테이프는 손으로 뗄 수 있어서 편리하고 박스의 테두리를 매끈하게 할 때 사용합니다.

16 풀, 본드

색종이 등을 붙일 때는 풀을 쓰지만 우드락이나 나무 등을 붙일 때에는 만능 본드가 유용합니다. 목공풀은 흰색에서 투명으로 변하므로 반짝이나 콩 등의 재료를 붙일 때에 사용하기 좋은 재료입니다. 접착성을 더 높이고자 할 경우에는 글루건을 사용하는데 뜨거울 수 있으니 어른이 도와주면 좋습니다.

17 일회용 접시, 팔레트

일회용 접시는 동물 얼굴을 그려 무빙 아이만 붙여도 가면으로 활용할 수 있는 활용성 높은 재료입니다. 일회용 접시 위에 은박지만 씌우면 간편한 일회용 팔레트가 되니 엄마표 미술 놀이에 더 편리합니다.

18 마 끈, 털실

자연적인 느낌의 마 끈 하나만 있어도 여러 가지 만들기에 이용할 수 있습니다. 부드러운 털실, 리본 끈 등은 촉감 놀이부터 만들기까지 자주 쓰이는 재료이며 완성된 그림을 벽에 걸어 전시할 때 끈을 이용해 매달 수 있습니다.

19 꾸미기 재료-뽕뽕이, 스팽글, 자연 재료, 전구

만들기 장식으로 자주 쓰이는 보들보들한 뽕뽕이와 반짝이는 스팽글은 색과 모양이 다양해 화려함을 더해주는 부자재입니다. 솔방울, 돌멩이, 나뭇가지, 조개껍데기 등 자연 재료를 사용하면 정서 안정에 좋고 완성한 작품에 전구를 달면 한층 더 돋보이게 구성할 수 있습니다.

20 대형 비닐, 놀이 매트

촉감 놀이나 물감 놀이 등을 할 때 큰 비닐이나 놀이 매트를 깔아 두면 편리합니다. 비닐과 접이식 놀이 매트는 방수 재질이므로 씻어서 재사용할 수도 있고 사용하지 않을 때에는 접어서 보관할 수 있습니다. 넓은 트레이도 구비해 놓으면 미술 놀이뿐만 아니라 과학 놀이와 요리 놀이를 할 때에도 편리합니다.

Part
01

인지와 정서가 발달되는
촉감 놀이

촉감 활동은 두뇌 발달과 밀접한 영향이 있어요. 피부로 느끼는 촉각, 맛보는 미각, 냄새를 맡는 후각, 다양한 색깔을 관찰하는 시각 등을 골고루 자극하는 오감만족 놀이를 통해 정서발달과 인지능력까지 키울 수 있지요.

01 풍선을 후~

둥근 풍선과 긴 요술 풍선을 가지고 재미있게 놀아요!

아이들이 좋아하는 풍선으로 재미있는 놀이를 해 보세요. 직접 풍선을 불면 폐활량도 커지고 풍선이 부푸는 모습에 아이들이 굉장히 좋아해요! 둥근 풍선과 긴 요술 풍선 두 가지를 이용해 여러 가지 모양을 상상하여 만들면 창의력이 팡팡 커져요! 존은 로봇 거미와 바람으로 가는 자동차를 만들었답니다!

 이런 점이 좋아요

알록달록 예쁜 풍선을 가지고 놀며 기분은 UP! 전 근육을 고루 사용할 수 있어서 더 좋아요!

준비물

여러 가지 풍선,
손 펌프

풍선이 점점 커지고 있어!

1 입이나 손 펌프를 이용해서 풍선을 불고 촉감을 느껴 보세요!

2 눕거나 일어서서 던져봐요! 앉아서도 가능하지요!

3 풍선을 꾹 눌러 보세요. 물컹한 촉감을 느낄 수 있어요!

4 친구와 함께 칼싸움도 할 수 있고, 풍선 던지기 놀이도 가능해요!

펑!

5 풍선 위에 앉아서 터트려 보세요.

6 다양한 크기와 종류의 풍선을 묶어서 만들고 싶은 것을 표현해 보세요.

이건 로봇 거미야~

7 불지 않은 긴 풍선은 끈 역할을 할 수 있어요!

바람으로 가니까 하늘도 날 수 있을 거야!

8 동물이나 장난감 등을 만들어 보세요! 존은 '바람으로 가는 자동차'를 만들었네요!

놀이 플러스

풍선 안에 약간의 물감과 물을 넣어 물풍선을 만들어 보세요. 테이프 등을 이용해 욕실 벽에 붙인 후 이쑤시개로 톡 터트리면 색색의 물감이 펑 하고 쏟아져요. 스트레스가 확 날아간답니다! 풍선 안에 콩을 넣어 만져봐도 좋아요. 손 지압도 가능하지요. 밀가루나 쌀을 넣어 보면 조금씩 다른 촉감을 느낄 수도 있어요!

 # 02 콩들아 모여라, 콩콩콩~

콩으로 얼굴을 표현해 봐요!

콩은 손쉽게 준비할 수 있는 놀이 재료이지요. 만질 때의 느낌이 재미있어서 아이들이 아주 좋아해요. 콩 놀이는 소근육과 대근육 발달을 두루 도와주고, 눈과 손의 협응력을 길러 줍니다. 콩을 자동차로 퍼서 나르는 놀이를 해 보세요. 콩을 좋아하지 않는 아이도 콩과 친해질 수 있는 경험을 쌓을 수 있어요!

이런 점이 좋아요

감각을 자극하는 활동은 지적
발달을 도와줍니다. 아이들 신체
발달 및 정신 건강에도 무척
좋지요!

준비물

콩, 종이,
목공풀, 장난감

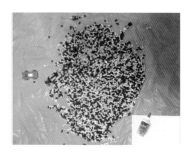

1 다양한 모양과 크기의 혼합 콩과 장난감을 준비해 주세요.

콩이 미끌미끌~

2 자동차 장난감을 이용해 자유롭게 놀아 보았어요.

하늘에서 콩 눈이 옵니다!

3 콩을 떨어뜨리며 "눈이 온다" 놀이를 하면 청각이 자극되어서 일석이조!

4 연필로 아빠 얼굴을 그려주세요.

재밌다, 콩 그림~

5 목공풀을 이용해서 그림 위에 발라준 뒤 콩을 올려 보아요.

아빠랑 똑같지?

6 콩으로 만든 아빠 얼굴 완성!

7 목공풀로 영어 이름을 쓴 뒤 색색의 콩을 붙여 알파벳 놀이를 해요.

놀이 플러스

지퍼백 등에 콩을 넣어 잠근 뒤 모루나 끈을 이용해서 반을 묶어요. 나비 더듬이와 눈 스티커도 붙이면 재미있는 콩 나비를 만들 수 있어요!

03 종이를 찢고 뿌려요!

알록달록 종이와 습자지를 붙이고 찢어 보자!

놀이 연령
4세+

색깔 종이를 마음대로 찢으라고 하면 아이는 아주 신이 나지요. 어른들이 모르는 아이만의 스트레스! 종이를 찢다 보면 스트레스가 다 날아가서 아이 정서에 아주 좋겠지요. 종이를 뭉개서 공처럼 표현하기도 하고, 꽃다발이나 폭탄을 만들다 보면 상상력이 무한히 커져요. 재료도 간단하고 치우기도 쉬운 오감만족 놀이랍니다!

이런 점이 좋아요

현대 설치 미술을 체험하고 찢기,
자르기, 뭉치기 등 여러 가지 조형적인
시도를 경험해 보며 전 신체 근육을
사용할 수 있어요.

준비물

색지, 습자지, 비닐,
가위, 끈,
투명 박스 테이프

1 테이프를 벽에 붙여 선을 만들
어 놓고 아이가 습자지를 찢으
면서 테이프에 붙여 봐요!

2 하늘하늘한 습자지 사이로 자
유롭게 왔다 갔다 해 봐요!

3 테이프를 농구 골대 모양으로
붙이고 습자지를 공처럼 구겨
던져 보세요!

4 습자지를 잘라서 하늘 높이
던져 내려 보세요. 큰 폭죽이
터진 것 같아요!

5 칙칙 폭폭 기차놀이도 해 보세
요.

6 비닐에 습자지를 담고 네모 모
양으로 만든 뒤 중간을 묶고
테이프로 끈을 달아 매면 나비
가 된 것 같아요!

7 종이를 찢어보고 위로 던져 보
세요. 습자지랑 어떤 차이가
있는지 이야기 나누어 보세요.

8 종이로 음식 모양을 만들어 보
세요.

tip :) 여러 색의 종이를 모아서 원하는 모
양을 자유롭게 만들어 보세요.

9 아이는 누워 있고 엄마는 색깔
종이 비를 내려 주세요.

tip :) 여러 색의 종이를 모아서 원하는 모
양을 자유롭게 만들어 보세요.

 **04 형형색색 채소 요거트**
먹으면서 즐기는 요거트 촉감 놀이

놀이 연령
3세+

요거트에 채소를 갈아 넣어 색깔 요거트를 만들었어요! 흰색 요거트와 채소를 갈아 넣었을 때의 요거트가 어떤 차이가 있는지 질감과 색깔, 맛을 비교해 보세요. 채소 요거트로 그림을 그리면 아이들이 정말 좋아해요! 커피를 마시고 난 후 나온 일회용 컵을 이용해서 재미있는 게임을 해 보세요! 탑 쌓기 놀이 등을 하면 더 신나게 놀 수 있어요.

이런 점이 좋아요

다양한 채소를 이용해서 색이 변하는 요거트를 만지고 그림을 그리며 상상력을 키우고, 컵 쌓기 놀이를 통해 균형력을 배울 수 있어요!

준비물

다양한 색깔의 채소와 가루, 요거트, 일회용 컵, 플라스틱 정리함, 피규어, 도화지, 붓

1 요구르트에 여러 가지 채소와 가루를 각각 넣어 갈아서 색깔을 만들어 주세요.

보들보들한 느낌이나. 맛도 좋잖아!

2 색깔 요거트가 예쁘죠! 자연의 색을 관찰해 보고, 맛을 봐도 좋아요.

3 색깔 요거트를 플라스틱 박스에 부으며 질감과 촉감 등을 느껴 보세요.

어느 컵 안에 있는지 맞혀 봐~

4 컵 안에 작은 피규어를 넣고 어디에 무엇이 있는지 맞혀 보세요.

아슬아슬하네. 그래도 해냈어!

5 컵 쌓기 놀이도 가능해요. 3-2-1로도 쌓아 보세요

달콤한 요거트 냄새가 나는 물감이네~

6 색깔별로 만든 요거트 물감을 탐색해 보세요.

요거트를 붓에 듬뿍 묻혀서 발라보자!

7 흰 도화지에 가로세로 선을 그어 보며 선 그리기 연습을 해 보세요.

나무를 그릴래!

8 새 도화지에 원하는 그림을 그려 보세요.

🎡 **놀이 플러스**

우유 900㎖에 유산균 음료를 부어 밥솥에 1시간 보온 뒤 그대로 8시간 정도 두면 수제 요거트를 만들수 있어요.

 # 05 찍고 누르는 채소 도장

채소로 모양 내고 신나게 찍어 보자!

아이가 채소를 잘 먹는 것은 엄마들의 한결같은 바람이지요. 3살 전후의 아이들은 찍기 놀이를 아주 좋아하니 채소를 이용한 도장 찍기 놀이를 해 보세요. 요리하다 남은 채소로 재미있게 놀다 보면 어느새 채소와 친해진답니다. 동그라미, 세모, 네모, 하트, 별 모양 등 아이들이 좋아하는 모양을 낼 수 있도록 준비해 주세요. 다양한 모습을 표현한답니다!

이런 점이 좋아요

먹는 재료가 미술 재료가 될 수도 있다는 것을 알게 됩니다. 다양한 채소를 탐색하며 한글과 도형의 모양도 익힐 수 있어요.

준비물

다양한 채소, 물감, 일회용 접시, 큰 종이, 찍기 틀

1 채소 위에 모양 틀을 끼워서 다양한 도장 모양을 만들어요.

tip :) 모양 틀이 날카로울 수 있으니 어른이 도와주세요.

2 단단한 채소가 모양 내기는 쉬워요. 양파처럼 무늬가 있는 것은 절반 잘라서 사용해 주세요.

3 바닥에 전지를 깔고 채소 도장에 물감을 묻혀 자유롭게 찍어 보세요.

4 손가락도 물감을 묻히면 자유롭게 찍어볼 수 있어요!

5 채소에 물감을 묻혀 자유롭게 비비면 더 재미있어요.

tip :) 같은 모양도 다른 색깔을 찍으면 다른 느낌이 난다는 것을 알 수 있지요.

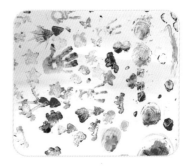

6 아이가 마구잡이로 찍은 모양들이 전지에 알록달록 남아서 작품이 되었어요!

놀이 플러스

색 손바닥을 대고 그려 오린 뒤 도화지에 붙여요. 손가락에 물감을 묻혀 꾹꾹 찍어 알록달록 잎을 표현해 보면 멋진 나무 그림이 완성된답니다.
재료로 준비한 당근, 양파, 감자, 오이 등을 한글로 적은 후 카드놀이를 해 봐도 좋아요!

당근 양파
감자 오이
시금치 상추
휴지 물감

 # 06 튀밥 먹으면 놀아 보자!

 놀이 연령 3세+

튀밥을 먹기도 하고, 놀기도 하고!

쌀을 들고 가면 뻥튀기 기계에서 "뻥이요!" 외침과 함께 맛있게 튀어 오르는 튀밥이에요. 튀밥을 먹으면서 놀 수 있기 때문에 돌이 지난 아이부터 유치부 아이까지 촉감 놀이가 가능하답니다. 튀밥 하나와 신나는 음악만 있으면 오랜 시간 재미있게 놀 수 있어요! 튀밥과 재미있게 놀아 보세요! 모래보다 더 안전하게 놀고 깔끔하게 치울 수 있답니다!

이런 점이 좋아요

손과 팔 근육을 골고루 쓸 수 있어요. 맛도 함께 볼 수 있고 재미가 있으니 정서 발달도 좋지요. 오감 만족 100%

준비물

튀밥, 주방 놀이 도구, 견과류(해바라기 씨, 땅콩 등), 놀이 매트

1 놀이 매트(미니 수영장)에 튀밥과 장난감을 넣어 주세요.

2 하늘에서 눈이 내리듯 튀밥을 뿌려 주면 웃음이 팡팡 터질 거예요!

눈이다, 눈!

3 튀밥을 머리에 뿌리면 정말 재미있지요!

4 주방용품을 이용해 놀다 보면 부피에 대한 감각을 이해할 수도 있어요.

5 오미자 주스에 튀밥을 올려서 먹어도 맛이 있지요!

6 튀밥을 해바라기 씨나 땅콩 등과 함께 먹어보며 맛의 차이를 비교해 보세요.

놀이 플러스

쌀 튀밥 강정을 만들어 보세요. 설탕 4큰술, 포도씨유 2큰술을 팬에 끓인 뒤 쌀튀밥 4컵, 견과류 2컵, 검은깨 한 줌을 넣어 재빨리 버무린 뒤 넓은 통이나 유산지 등에 담아 냉장고에 넣어 식히면 됩니다.

07 마카로니와 파스타 촉감은 다를까?

마카로니와 파스타로 촉감 놀이를 해 보자!

마카로니와 파스타는 모양이 다양해 여러 가지 놀이를 할 수 있어요. 손으로 촉감을 느끼고, 절구로 찧어도 보고, 통에 넣어 소리를 들으면 청각이 자극되지요. 알파벳 놀이를 하거나 판매 놀이를 하면 학습 효과까지 얻을 수 있어요. 요리 재료인 줄만 알았던 마카로니와 파스타가 놀이 재료로 바뀌는 것에 창의력도 올라가요.

이런 점이 좋아요

역할 놀이를 통해 상상력이 커지고,
먹는 소재로 놀이하는 경험은 창의력과
상상력이 높아지지요.

준비물

파스타, 마카로니,
비닐, 색소, 플라스틱 통,
절구통, 장난감

1 작은 마카로니와 큰 파스타를 비교하며 탐색해 보세요.

2 그릇에 담아서 주방장 놀이를 해 보았어요.

3 알파벳 파스타를 비닐에 넣고 색소를 떨어뜨린 후 흔들어서 고루 염색시켜 보세요.

4 넓은 비닐이나 종이를 깔고 이틀 정도 바짝 말려 주세요.

tip :) 다 말린 파스타를 통에 넣어 두면 오랫동안 보관이 가능합니다.

5 통에 넣은 파스타를 흔들어 재미있는 소리도 들어 보세요.

6 절구에 넣어 빻으면 어떻게 변하는지 확인도 해 보세요.

7 통에 넣어 자유롭게 놀아 보세요

8 알파벳 모양의 파스타로 재미있게 영어 공부도 할 수 있어요.

놀이 플러스

구멍이 뚫린 파스타에 아크릴 물감으로 다양하게 색칠한 뒤 잘 말려보세요. 그리고 투명한 낚싯줄 등에 끼우면 목걸이와 팔찌도 만들 수 있어요.

 # 촉촉한 색깔 두부로 촉감 놀이

두부로 소꿉놀이를 하고 케이크 만들기를 해 보자!

만져보고, 밟아보고, 뭉개뜨려도 볼 수 있는 두부는 촉감 놀이로 그만이지요! 부드러운 두부를 만지면 아이들의 정서가 안정되고, 전 근육을 두루 쓰기 때문에 자연스럽게 두뇌도 발달 된답니다. 소꿉놀이 도구를 이용해 놀이를 하고, 하트 케이크도 만들어 촛불 끄기 놀이도 하며 마음껏 상상의 나래를 펼쳐 보세요!

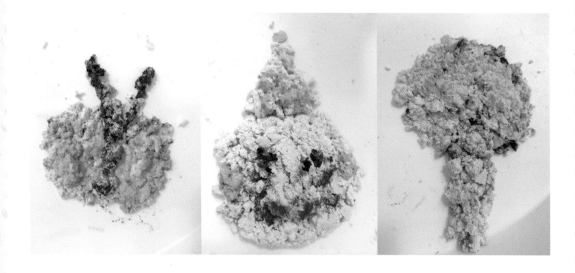

 이런 점이 좋아요

놀이를 할 때 새로운 재료를 제시하면 아이들의 창의력이 발현됩니다.
다양한 만들기는 상상력을 키우는 데에 도움이 되지요.

준비물

두부, 접시, 주방 도구,
색소(물감), 생일 초,
비닐, 트레이, 접시

1 소꿉놀이 도구를 이용해서 두부를 잘라 보세요.

tip :) 아이가 만지는 것을 망설인다면 엄마가 먼저 만져서 시범을 보여주세요.

손으로 뭉개볼까?

2 다양한 도구를 이용해 자르거나 뭉개봐도 좋아요. 색다른 느낌이지요?

3 밀대를 이용해서 두부를 밀어 보세요!

4 두부를 나누고 색소를 뿌려서 다양한 색의 두부를 만들어 보세요.

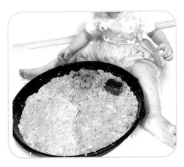

5 모양틀을 이용해 두부 찍기 놀이도 해 보세요.

생일 축하합니다~

6 케이크 모양으로 만든 두부를 접시에 올리고 초도 꽂아 보세요.

7 나무, 도깨비, 나비 등을 만들어 보았어요!

놀이 플러스

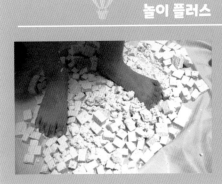

두부를 바닥에 펴 놓고 발로 밟는 놀이를 해 보세요. 아이들의 숨어 있던 스트레스까지 다 날아갈 거예요! 대근육이 발달됨과 동시에 몽글몽글하고 재미있는 느낌에 아이들의 웃음소리가 커진답니다!

 **09 휴지를 풀어 풀어~**
휴지를 풀어 자유롭게 놀고 눈사람 인형도 만들어 보자!

놀이 연령
4세

아이들은 항상 새로운 경험에 목말라 해요. 휴지는 집에 있는 재료이니 하루쯤 마음껏 어지르고 놀게 해 보세요. 분무기로 휴지에 구멍 내기 놀이도 해 보고 물감도 뿌려 보세요. 다 놀고 난 휴지를 비닐에 넣어 눈사람 인형을 만들면 아이들은 새로운 인형이 생겼다며 정말 좋아한답니다.

이런 점이 좋아요

휴지와 종이 테이프의 특징을 알 수 있고 남은 휴지를 활용하여 눈사람 인형을 만들면서 상상력과 표현력이 커져요.

준비물

휴지, 약통, 물감, 물, 매직, 종이 테이프, 유리 테이프, 가위, 끈(털실), 큰 비닐

1 휴지를 한 줄씩 세워 그 위를 건너가 보세요. 균형감을 기를 수 있어요.

2 휴지를 두 개씩 놓고 뛰어넘기를 해 보세요.

3 휴지를 탑처럼 한 개씩 쌓는 놀이도 재미있어요.

4 끈을 벽이나 문에 고정시킨 뒤 휴지를 넣어 휴지 풀기와 휴지 찢기를 해 보세요.

5 끈에 걸려 있는 휴지를 향해 분무기로 물을 쏘아 보세요.

6 물감을 약통에 넣어 뿌려 물감이 휴지에 번지는 것을 관찰해요.

7 몸 전체에 휴지를 돌돌 말아 미라를 만들어 보세요. 깔깔 즐거운 시간이에요.

8 종이테이프를 문에 붙여 지나가기 놀이도 해 보세요.

tip :) 새로운 재료를 더해서 노는 것은 아이들에게 창의력을 높여 줘요.

9 남은 휴지를 모두 비닐에 넣어서 테이프로 동그란 모양 2개를 만든 후 붙여 주세요. 눈코 입도 그려주면 아이들이 좋아하는 눈사람 인형이 완성!

10 미끌미끌 미역 놀이

미역을 물에 넣어 바다 놀이를 해 보자!

놀이 연령 3세+

냉장고에 있는 음식 재료를 이용해서 놀면 아이들은 더 신이 나지요. 아이들은 물놀이를 좋아해서 오늘은 미역으로 탐색하는 놀이를 해 보았어요. 놀이 매트는 팔다리를 자유롭게 놀 수 있지만 간편하게 치우기에는 욕조에서 하는 게 더 좋을 수 있어요. 편한 것을 골라서 하면 됩니다!

✳️ 이런 점이 좋아요

미역을 가지고 놀면서 물에 의해
변하는 미역의 성질을 알 수 있어요.
또, 물에서 온몸으로 놀면서 대근육을
발달시킬 수 있지요.

🥄 준비물

물미역, 마른미역,
플라스틱 컵,
거름체 망, 장난감

1 마른미역을 손으로 만지면서 딱딱한 느낌을 느껴봐요. 그리고 물에 적신 후 미역의 변화를 관찰해보세요.

2 물에 불린 미역을 따뜻한 물에 데친 후 맛을 느껴 보아요.

3 플라스틱 컵에 미역과 물을 담아 흔들면서 미역의 촉감을 느껴 보아요.

4 거름체 망을 이용해 그물 낚시 놀이도 가능해요.

5 미역으로 수염을 붙이고 신나게 춤을 추며 놀았어요.

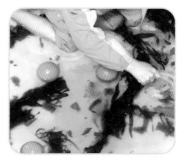

6 파란색 식용 색소 한두 방울을 물에 넣어서 저어 주면 바닷물처럼 파래진답니다. 더 실감 나게 바다놀이를 할 수 있어요.

놀이 플러스

마른미역과 물에 불린 미역으로 그림을 표현해 보세요. 마른미역으로 얼룩말 무늬를 표현해 보고, 물미역으로 사자 수염을 표현해 보면 촉각을 자극하고 소근육 발달에 효과적이에요.

 # 11 물에 변하는 라이스페이퍼

놀이 연령
4세+

라이스페이퍼와 물을 사용해 온몸으로 느끼는 체험을 해 보자!

라이스페이퍼로 오감 촉감 놀이를 해 보세요. 딱딱한 라이스페이퍼를 탐색한 뒤 미지근한 물에 넣으면 흐물흐물해지는 변화를 보며 촉감을 느낄 수 있어요. 무척 신기한 경험이지요. 나중에는 슬라임같이 변하는 라이스페이퍼를 만날 수 있답니다.

 ### 이런 점이 좋아요

아이들이 새로운 재료를 통해 소근육과 대근육을 모두 사용할 수 있는 촉감 놀이랍니다. 재료가 물을 만났을 때 변하는 성질도 체험할 수 있어요.

준비물

라이스페이퍼, 따뜻한 물, 장난감, 놀이 매트

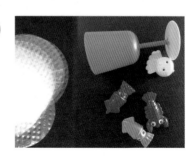

1 라이스페이퍼 한 장은 투명하지만 여러 겹으로 겹치면 불투명해요.

톡
부러지네!

2 딱딱한 라이스페이퍼의 촉감을 느껴 보고 톡 부러뜨리며 탐색해 보세요.

3 딱딱한 상태에서 입에 넣어 보세요.

tip :) 먹어도 괜찮아요! 월남쌈 먹을 때의 느낌과 어떻게 다른지 이야기 해 보세요.

4 물에 닿아 흐물거리게 변한 라이스페이퍼로 장난감을 감싸며 신나게 놀아요.

5 물에 라이스페이퍼를 담근 후 발로 밟으며 놀면 색다른 느낌을 느낄 수 있어요.

6 물에 넣어서 부드러워진 라이스페이퍼를 쭉 늘어뜨리며 느낌을 이야기해 보세요.

tip :) 낚시 놀이와 빨래 놀이 등을 하며 자유롭게 놀아요.

놀이 플러스

라이스페이퍼의 울퉁불퉁한 질감을 느끼며 매직으로 그림을 그려 보세요. 아이들은 종이가 아닌 곳에 그림을 그릴 수 있다는 사실에 새로운 재미를 느끼고 즐거워한답니다.
라이스페이퍼에 매직으로 그림을 그린 후 미지근한 물에 30초 담가 놓으세요. 팔에 5분 가량 올려놓고 살살 떼어내면 타투를 한 것처럼 된답니다!

12 뽀드득 뽀드득 눈 촉감을 느껴 볼까?

놀이 연령
4세

얼음을 눈으로 변신시켜 눈사람을 만들어 보자!

아이들은 눈을 참 좋아하죠. 그래서 추운 겨울을 기다리는데 눈이 오지 않으면 실망하는 모습이 정말 귀여워요. 시중에 파는 인공 눈은 치우기가 어려웠던 기억이 있어요. 그런데 여름에 팥빙수를 만들어 먹으려고 꺼낸 빙수 기계를 보고 눈을 만들면 좋을 것 같더군요. 겨울에는 진짜 눈을 들고 와서 해도 좋고, 여름에는 이렇게 얼음으로 눈을 만들어 보세요!

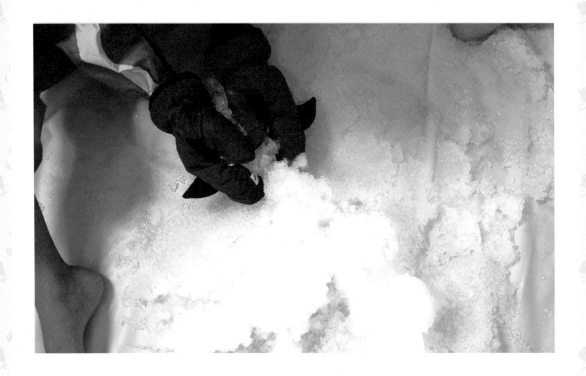

이런 점이 좋아요

아이들은 한여름에도 눈을 만져 볼 수 있다는 것을 너무 신기하고 좋아해요!

준비물

얼음, 빙수 기계,
무빙 아이, 클립,
이쑤시개, 습자지,
장갑, 놀이 매트

1 맨손으로 눈 혹은 간 얼음을 만져 보고 촉감을 느껴 보세요.

2 눈을 둥글게 굴려도 보고 여러 방법으로 탐색하며 느낌을 이야기해 보세요.

3 장갑을 끼고 만져 보면 느낌이 달라요!

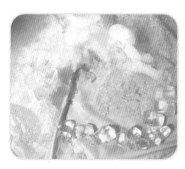

4 눈을 손으로 뭉치면 얼음이 돼요. 존은 성을 만들었네요. 자유롭게 만들고 싶은 것을 만들어 보세요.

5 습자지를 놓고 눈을 올리면 눈이 물들어서 색이 변해요.

6 눈사람을 만들고 눈을 붙여보세요.

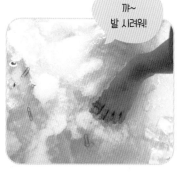

7 눈의 느낌이 더 궁금할 때에는 발로 밟아도 좋아요.

tip :) 아이가 너무 차가워하면 양말이나 신발을 신고 밟아도 좋아요.

놀이 플러스

빙수 기계 등을 이용해서 얼음을 간 후 아이스크림과 제철 과일 등을 올려서 과일 빙수를 만들어 보세요. 여름이든 겨울이든 빙수는 언제 먹어도 맛있어요! 홈카페 분위기도 물씬 나지요.

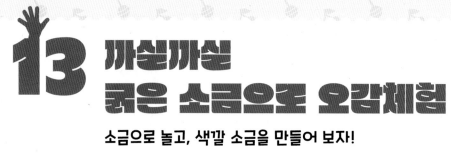

13 까실까실 굵은 소금으로 오감체험

소금으로 놀고, 색깔 소금을 만들어 보자!

간편하게 촉감 놀이할 수 있는 재료인 소금은 짠맛을 느끼고(미각) 까끌까끌한 느낌을 느끼고(촉각) 색깔 소금을 만들어 보면(시각) 다양한 감각을 활용하게 되어서 뇌 발달에 좋답니다. 뇌에는 뇌세포를 연결하는 시냅스가 있는데 이것을 자주 써야 발달한다고 해요. 의성어, 의태어를 많이 쓰면서 놀아보세요. 오감 발달과 함께 언어 자극도 돼요!

이런 점이 좋아요

오감 놀이는 아이의 촉각 및 청각 자극에도 도움이 돼요.

준비물

굵은 소금, 장난감, 투명 병, 파스텔, 종이, 트레이, 놀이 매트, 칼, 젓가락

아우, 짜!

1 놀이 매트에 굵은 소금을 뿌리고 자유롭게 놀아 보세요. 한 입 맛도 보고요.

까실까실하네!

2 눈처럼 뿌려도 보고, 손으로 주물러도 보고, 글자도 써보는 등 마음껏 촉감을 느껴 보세요.

3 소금 탐색 놀이가 끝났다면 놀이 도구를 넣어서 자유롭게 놀아요.

4 통에 물을 담고 소금을 조금씩 넣어 보세요. 막대기로 저어서 소금이 녹는 모습을 보고 이야기를 나누어 보세요.

소금이 염색했네?

5 트레이에 종이를 깐 후 파스텔 가루를 뿌리고 굵은 소금을 덮은 후 손바닥으로 문지르면 색이 변하는 것을 볼 수 있어요.

6 색깔 소금을 만들어 유리병에 차곡차곡 넣으면 완성!

7 색깔 소금을 흰 소금 위에 부어서 색깔을 섞어 봐도 좋아요.

8 발로 밟아 촉감을 느껴 보세요!

🎡 **놀이 플러스**

검은색 도화지에 목공풀을 이용해서 좋아하는 동물을 그려요. 이때

그림 안쪽 전체를 풀칠해야 합니다. 그리고 그 위에 가는 소금을 뿌린 후 도화지를 털어내세요. 붓에 물감을 조금씩 묻혀 소금 그림 위에 살짝씩 칠하면 물감이 번지면서 유유히 헤엄치는 돌고래 그림이 완성되었어요!

14 편백 나무 놀이
좋은 향기가 솔솔 나는 편백 나무로 놀아 보자!

놀이 연령
3세

편백 나무는 피톤치드 향이 나서 마음을 편안하게 하는 정서 안정 효과가 있어요. 아이들이 작은 큐브를 가지고 놀면 손을 많이 사용하기 때문에 소근육 발달에 좋고 스트레스 해소 효과도 크다고 합니다. 그래서 키즈 카페에도 필수로 있지요. 단, 어린아이일 경우에는 입으로 들어가지 않도록 보호자의 주의가 필요해요!

 이런 점이 좋아요

온몸을 사용하기 때문에 오감을 자극할 수 있어요. 손을 많이 사용하는 놀이는 협응력과 집중력을 키울 수 있답니다.

준비물

편백 나무, 모래놀이 도구, 주방 도구, 물감, 종이컵, 붓

1 놀이 매트에 편백 나무 큐브를 깔아 주고 담을 수 있는 통과 도구를 가지고 탐색하는 시간을 가져 보세요.

2 탐색 시간이 끝나면 장난감을 넣어서 놀아 보세요.

tip :) 배 장난감으로 바다라는 상상을 하며 신나게 놀았어요.

3 편백 나무 큐브를 종이컵에 담고 아크릴 물감을 떨어트린 후 잘 섞어서 색을 칠하고 하루 정도 말려 주세요.

4 영어 단어를 보면서 큐브로 알파벳 모양을 따라 만들어 보세요.

5 다른 알파벳 모양도 따라 만들어 보세요. 연필로 쓰는 것보다 더 재미있죠?

tip :) 손 근육 발달은 물론 학습 효과도 있답니다!

6 시간을 정하고 카드의 단어를 큐브로 나열해보는 게임을 해 보세요!

tip :) 시간 안에 해내면 칭찬해 주세요! 더욱 적극적으로 게임에 임한답니다.

놀이 플러스

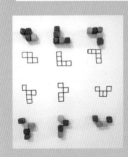

엄마가 도화지에 네모 그림을 각기 다르게 그려주면 아이가 색칠한 큐브를 이용해 모양을 따라 만들어 보세요. 창의력과 시각적 구성 능력이 쑥쑥 커질 거예요.
목공풀을 이용해 큐브로 조형 작품을 만드는 것도 미적 정서를 기르는 데 좋답니다!

 **15 쉐이빙 폼 그림**

 놀이 연령
5세

아빠의 쉐이빙 폼으로 컬러풀 그림을 그려 보자!

욕실에 있는 아빠의 쉐이빙 폼을 보고 궁금해하는 아이의 궁금증을 해결해 보기로 했어요! 촉감이 생소한 재료를 이용한 놀이는 아이들에게 흥미 만점이지요. 집에서 찾은 친근한 재료로 특별한 그림을 그릴 수 있는 시간이 될 거예요. 단, 냄새가 좀 나니 창문을 열고 하면 더 좋겠죠!

 이런 점이 좋아요

쉐이빙 폼을 손으로 만져 보고,
색소를 넣어 색이 섞이고 변하는
것을 직접 체험할 수 있어요.

준비물

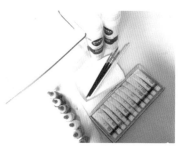

쉐이빙 폼, 종이, 붓,
수채화 물감,
투명 수납 정리함,
나무 젓가락

1 정리함에 흰 쉐이빙 폼을 짜서 촉감을 느껴 보고 이야기를 나눠 보세요.

2 물감을 섞으면 흰색의 쉐이빙 폼 색깔이 변하는 것을 볼 수 있어요!

3 손바닥 가득 쉐이빙 폼을 묻힌 후 찍어 보세요.

4 손가락을 이용해서 숫자도 쓰고 그림도 그려 보세요.

어떤 무늬가 나올까?

5 쉐이빙 폼 위에 도화지를 대어 꾹 눌렀다가 떼면 도화지에 무늬가 나타나요.

6 이틀 정도 말린 후 테두리를 종이 테이프 등으로 꾸미면 근사한 나만의 작품이 완성!

놀이 플러스

지퍼백 군데군데 물감을 짜 놓고 쉐이빙 폼을 채운 후 테이프를 이용해서 지퍼를 단단히 밀봉해요. 올록볼록 지퍼백을 눌러보는 활동을 해 보세요. 아이가 재미있어 하는 장난감이 된답니다!

16 끈적 끈적 아마씨 놀이
촉감이 좋은 아마씨로 재미있게 놀아 보자!

아이들은 주방에서 쓰는 재료를 신기해해요. 아마씨를 이용해서 놀이를 해 보세요. 맛도 볼 수 있는 음식 재료를 이용하는 즐거운 촉감 놀이로 아이들의 정신 건강에 무척 좋은 활동이랍니다. 아마씨는 부드러운 질감으로 아이의 마음을 편안하게 해 주고, 아토피 피부에도 효과가 있어요. 단, 산패된 아마씨는 독성이 있으니 먹기 전에는 찌든 냄새가 나는지 꼭 살펴보세요.

✻ 이런 점이 좋아요

아이들이 흥미를 느낄 수 있는 재료를 통해 새로움을 느낄 수 있고, 손끝과 손바닥을 이용한 놀이를 하면서 소근육을 발달시킬 수 있어요.

준비물

아마씨, 물, 깊이 있는 그릇(쟁반) 2개, 밀가루, 주방 도구, 숟가락

1 하루 전날 아마씨 1컵에 물 3컵을 통에 담아 냉장고에 넣어 두세요.

2 걸쭉해진 아마씨를 나무젓가락으로 저어보세요. 신선한 아마씨는 맛을 봐도 좋아요.

3 깊이 있는 쟁반 2개에 한쪽은 양이 많게, 한쪽은 적게 아마씨를 부어 보고, 손으로 만져 보세요.

밀가루를 넣으니까 색이 변하네?

4 한쪽은 밀가루를 붓고 체로 저어 보세요.

5 아이 손에 아마씨 반죽을 부어가며 촉감이 어떤지 이야기를 나눠 보세요.

6 숟가락이나 주방 도구 등을 이용해 다양하게 놀아 보세요.

7 존은 그릇과 키친타올을 이용해서 숟가락으로 퍼 담으며 신나게 놀았어요.

tip :) 좋아하는 놀이를 하면 집중력이 좋아집니다!

놀이 플러스

실컷 놀고 난 후, 아마씨에 야광가루나 비타민 b2 가루를 뿌리고 불을 끈 뒤 블랙라이트를 비춰 보세요. 어두운 곳에서 보는 야광은 아이에게 새롭고 즐거운 경험을 줄 거에요.

17 말랑말랑 천연 슬라임

마음껏 만지고 놀아도 안심되는 천연 슬라임을 만들어 보자!

천연 재료로 만든 슬라임은 아이가 오래 만져도 안심이에요. 아이가 클수록 호기심이 늘어나서, 안 된다고 해도 몰래 먹을 때가 있는데 이것은 먹을 수 있는 재료로 만드는 것이니 조금 맛을 봐도 괜찮습니다. 찰흙 도구를 이용해서 잘라보기도 하고, 비즈나 빨대를 끼워서 즐거운 시간을 보내 보세요. 부드러운 질감이라 아이의 마음을 편안하게 해 준답니다!

이런 점이 좋아요

오감을 자극하는 놀이는 손 근육을 많이 사용해서 두뇌 발달에도 좋답니다.

준비물

차전자피 가루 10g, 내열유리 용기, 물, 거품기, 찰흙 도구, 장난감, 색소(물감)

1 용기에 물 200ml와 색소를 넣어 섞어주세요.

tip :) 여러 가지 색깔을 만들려면 용기를 다양하게 준비하면 됩니다.

섞으니까 점점 단단해지네!

2 용기에 차전자피 가루 10g을 넣어서 거품기로 풀어 섞어주세요.

3 전자레인지에 4분 30초 돌려주세요.

tip :) 1분 30초 돌린 후 30초 쉬고, 1분 돌리고 30초 쉬는 식으로 돌려주세요.

4 충분히 식힌 후 손으로 만지며 탐색을 해 보세요.

쭉쭉 늘어나니 신난다!

5 여러 가지 색을 만들어서 장난감과 함께 자유롭게 놀아 보세요. 자르기 도구를 이용하면 아주 잘 잘려요.

6 통에 넣어 냉장고에 보관하면 일주일 정도 재사용할 수 있어요.

7 며칠 후 냉장고에서 꺼내 공룡을 만들어 보았어요!

놀이 플러스

물의 양을 많이 해서 만들어 보면 또 다른 느낌이에요. 수분감이 충분한 상태가 되지만 손에 묻어나는 단점은 있지요. 취향대로 선택하면 됩니다.

18 알뜩달뜩 쌀 놀이

쌀을 염색하여 쌀 그림을 그려 보자!

놀이 연령
4세

쌀은 가정에서 쉽게 구할 수 있는 촉감 놀이 재료이지요. 매일 먹는 쌀로 놀이를 할 수 있다는 사실 만으로도 아이들은 흥미를 느껴요. 무지개색으로 쌀을 염색해 보고 자유롭게 그림으로도 표현해 보세요. 친숙한 재료가 새롭게 변하고, 그것으로 그림을 표현해 보는 경험은 아이들에게 상상력과 창의력을 키워줄 거예요.

이런 점이 좋아요

매일 먹는 밥의 재료인 쌀로 오감을
자극하다 보면 창의력이 쑥 자랄
거예요.

준비물

쌀, 색소(물감), 비닐,
통, 그릇, 종이, 물,
숟가락, 휴지심, 식초,
목공풀, 장난감

1 쌀을 비닐에 담은 후 색소 3~5 방울, 식초 1T를 넣고 섞어 준 뒤 하루 동안 말려 주세요.

와! 무지개 쌀이네!

2 예쁘게 색이 변한 무지개색 쌀이 완성되었어요!

tip :) 색이 진한 것은 색소로, 연한 것은 물감으로 염색한 거예요!

3 통에 담아 흔들어보며 소리를 들어 보세요.

4 주방 놀이 도구를 이용해 자유롭게 놀아 보세요.

5 도화지에 휴지심을 잘라 목공풀로 붙여 애벌레를 만들어 주세요.

6 휴지심 안에 무지개 쌀을 채워서 애벌레를 완성해 주세요.

7 발로 밟아 촉감도 느껴 보고. 손, 발, 뿅뿅이 등을 숨기는 놀이도 해 보세요!

8 장난감을 이용해 즐겁게 놀이 해 보세요!

놀이 플러스

무지개 쌀을 이용해서 그림을 그릴 수 있어요! 도화지에 풀로 그림을 그린 후 무지개 쌀을 붙여 보세요. 본드를 이용하면 더 잘 붙어요! 아이는 무지개와 벚꽃 나무가 있는 풍경화를 그렸답니다!

 얼음아 놀자

얼음에 다양한 색을 혼합한 후 오감을 자극해 보자!

'얼음'이라고 하면 투명한 모습을 떠올리지요? 하지만 색깔이 있는 얼음도 만들 수 있답니다! 비누 만들기를 했던 틀을 보며 생각한 놀이인데요, 아이와 함께 얼음을 만드는 것부터 함께해 보세요. 존은 자기가 좋아하는 장난감도 넣어 보자고 아이디어를 제시해서 두 배 더 재미있는 체험이 되었어요!

이런 점이 좋아요

냉동실에서 나온 얼음이 온도에 의해 녹는 것을 놀이로 학습해요. 얼음이 녹으면서 물이 생기고, 진했던 색깔이 연해지는 것을 알 수 있어요.

준비물

실리콘 틀, 물, 비닐장갑, 색소(물감), 놀이 트레이, 밀가루, 이쑤시개(젓가락)

물과 색소를 섞으니 빨간색 물이 되었네!

장난감을 같이 얼리면 어떻게 될까?

1 다양한 모양의 실리콘틀에 물을 부어서 얼음을 얼려요.

2 실리콘 틀에는 물과 색소를 넣은 뒤 이쑤시개로 저어 주세요.

3 틀 안에 장난감도 하나씩 넣어 주세요.

와~ 알록달록 예쁘다! 보석 같아.

4 얼음을 접시에 꺼낸 뒤 물감을 떨어뜨려 주세요.

5 색소를 넣어서 얼린 얼음과 일반 얼음이 어떤 차이가 있나요?

6 비닐장갑을 끼고 자유롭게 놀아 보세요.

놀이 플러스

풍선에 물을 넣어 얼린 뒤 얼음끼리 부딪히는 소리도 들어보세요. 풍선을 제거해 둥근 얼음 2개를 이용해 오리를 만들어 놀았어요. 소금도 뿌리고 물감도 떨어뜨려 보면 즐거운 시간이 될 거예요.

20 말랑말랑 한천 탱탱이

한천 가루로 탱탱이를 만들고 그림으로 표현해 보자!

놀이 연령
4세

4세 이후에는 표현 능력이 발달하기 때문에 다양한 재료로 그림을 그려 보는 것이 상상력과 창의력 발달에 도움이 됩니다. 아이들이 좋아하는 젤리로 알파벳을 만들어 영어에 친숙하게 다가갈 수 있는 경험을 해 주세요. 우뭇가사리가 원료인 한천가루로 만든 모양을 한천 탱탱이라고 이름 지었어요. 확실히 젤라틴보다 탱탱한 느낌이에요!

이런 점이 좋아요

한천 가루가 말랑말랑하게 변하는 것을 익히고, 그것으로 그림을 그리면 상상력이 커져요!

준비물

한천 가루 10g,
알파벳 몰드,
색소(물감), 냄비, 물,
종이컵 6개, 플라스틱 칼

1 냄비에 물 500ml와 한천 가루 10g을 넣어 주세요.

tip :) 가루가 많이 들어갈수록 딱딱해지는데 취향에 맞게 조절하면 됩니다.

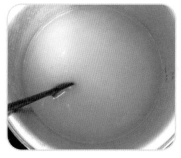

2 바닥에 눌어붙지 않도록 주걱으로 젓다가 부르르 끓으면 불을 꺼 주세요.

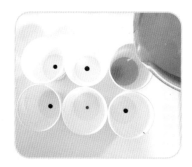

3 여러 색소를 한 방울씩 넣어둔 종이컵에 냄비에 끓인 가루물을 부어 주세요.

tip :) 한쪽이 뾰족한 냄비가 편해요.

4 종이컵에 든 용액을 몰드에 넣은 후 냉장고에서 2시간 정도 식힌 후 꺼내 주세요.

느낌이 몰캉몰캉해!

5 완성된 한천 탱탱이를 만져서 촉감을 느껴보세요. 알파벳이나 숫자를 이용해 문장을 만들어도 좋겠지요!

자르는 느낌이 아주 재밌어!

6 플라스틱 칼로 탱탱이를 콕콕 잘라 보세요.

오리야, 안녕?

7 다양한 색깔로 자유롭게 그림을 표현해 보세요.

존은 연못에 떠 있는 오리를 표현했어요.

놀이 플러스 ❀

야채즙과 한천 가루를 5:1의 비율로 냄비에 넣은 후 주걱으로 섞어주세요. 끓어오르면 불을 끈 후 모양틀에 담아 실온에서 30분 가량 굳히면 말랑말랑한 양갱이 됩니다. 모양 틀이 없을 때에는 달걀 껍데기를 윗부분만 살짝 뚫은 것을 씻은 후 그것에 담아도 돼요. 달걀 모양 양갱이 되어서 더 재미있어요!

57

21 말캉말캉 젤라틴

놀이 연령
3세+

알록달록 장난감 젤리와 수박 젤리로 오감을 만족해 보자!

젤라틴 가루와 물을 섞은 뒤 아이들이 좋아하는 색상의 색소를 넣으면 블링블링한 젤리가 된답니다. 아이들이 좋아하는 피규어를 넣으면 더 좋아하겠죠! 피규어를 구출하기 위해 젤리를 떼면서 즐거운 시간을 보냈어요. 식용색소로 했을 때에는 맛도 볼 수 있어서 오감 충족 100%예요! 손으로 하는 활동이니 두뇌 발달에도 좋아요!

이런 점이 좋아요

가루가 젤리로 변하는 과정을 경험할 수 있습니다.

준비물

젤라틴 가루 50g, 물 250ml, 실리콘 모양틀, 식용 색소, 장난감, 냄비, 저울, 수박(과일)주스, 숟가락

1 젤라틴 50g에 물 250ml를 섞어 10분 정도 불려 주세요.

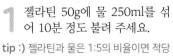

tip :) 젤라틴과 물은 1:5의 비율이면 적당해요.

2 냄비에 넣고 약불로 끓여 주세요.

3 종이컵에 색소 1방울과 장난감을 넣고 냄비에 끓인 젤라틴 물을 부어 주세요.

4 모양 틀에 수박주스를 1/3 정도 붓고, 그 위에 젤라틴 물을 부어 주세요.

5 냉동실에 1시간 정도 넣어서 얼린 후 꺼내면 장난감과 과일 젤리가 완성!

6 숟가락 등을 이용해서 장난감을 구출해 보세요!

7 과일 젤리와 장난감 젤리를 마음껏 만져 보세요. 맛을 봐도 괜찮아요!

놀이 플러스

놀이 매트 등을 준비한 후 한쪽에는 지점토를 놓아 숲을 꾸며 주세요. 다른 쪽에는 바다 동물을 놓아 주세요. 5:1의 비율로 끓인 젤라틴 물에 파란 색소 한 방울을 넣은 뒤 바다 동물 위에 부어 주세요. 바다와 육지가 표현된 곳에서 신나게 놀 수 있어요!

22 코코아 가루로 자유롭게

놀이 연령
3세

코코아의 특징을 알아가는 재미가 솔솔!

모래놀이는 아이들에게 참 좋은 놀이이지요. 코코아 가루를 이용해서 모래보다는 진한 진흙 느낌을 표현해서 놀았어요. 코코아 가루는 부드러운 질감으로 아이의 마음을 편안하게 해 주고, 맛도 볼 수 있어서 오감을 자극하며 놀 수 있어요. 밀가루 놀이와는 또 다른 느낌이라 놀이 재료로 딱 좋아요! 코코아로 그린 그림으로 표현력과 창의력이 자라납니다.

이런 점이 좋아요

코코아 향이 후각을 자극하며
정서안정을 도와줍니다. 전신을 써서
근육이 발달하기도 하지요. 상황극을
하며 이야기 구성능력을 키우며 오감을
만족할 수 있어요.

준비물

코코아 가루 180g, 밀가루
360g, 오일(식용유) 90ml,
밥그릇, 놀이 트레이,
비닐장갑, 장난감, 초,
라이터

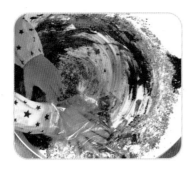

1 코코아 가루 180g, 밀가루 360g, 오일 90ml을 섞어요.

tip :) 좋아하는 가루 느낌에 따라 양을 자유롭게 조절해도 좋아요.

두껍아, 두껍아, 헌집 줄게, 새집 다오~

2 포클레인 등의 장난감을 이용해서 자유롭게 놀아보세요!

3 밥그릇에 코코아 가루 반죽을 눌러 담아요.

케이크 만드는 건 너무 신나는 일이야~

4 밥그릇을 엎어서 케이크 모양을 만든 뒤 과일 등으로 장식해 주세요.

생일 축하합니다~ 생일 축하합니다!

5 초에 불을 붙이고 즐겁게 생일축하 노래도 불러 보세요.

6 얼굴에 문질러 코코아의 질감을 느껴도 좋아요.

7 발로 마구마구 신나게 밟아 보세요!

놀이 플러스

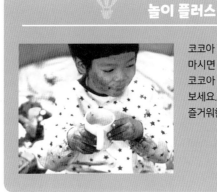

코코아 가루를 가지고 놀다가 코코아를 마시면 더 좋아하겠죠. 따뜻한 우유에 코코아 가루를 타서 달콤한 맛을 느껴보세요. 사실 아이들은 맛보는 것을 더 즐거워한답니다.

23 커피 가루로도 놀 수 있어요

엄마가 마시는 커피 가루로 놀아 보자!

세 돌이 지나면서 호기심이 왕성해진 아이는 질문이 많아졌어요. 엄마아빠가 먹는 커피가 무슨 맛인지 너무 궁금해하더군요! 아직 먹을 수는 없지만 놀 수는 있지요! 장난감 정리 박스 안에 조명을 넣고 샌드아트처럼 될까 연출해 보니 비슷하게 되어서 아이는 물론 엄마도 신이 났어요! 커피 가루에 물을 묻혀 그림을 그리면서 다양한 재료로 그림을 그릴 수 있다는 것도 알려 주세요!

이런 점이 좋아요

궁금했던 재료를 사용하면서
호기심을 충족하고, 지적인 성장과
창의력을 키울 수 있어요.

준비물

커피 가루, 정리 박스,
휴대용 조명, 종이,
양면테이프, 장난감,
가위

1 커피 가루를 만져보며 탐색해 보세요.

2 장난감 정리함 안에 휴대용 조명을 넣고 뚜껑을 닫은 뒤 그 위에 가루를 뿌려 주세요.

3 샌드 아트처럼 손가락을 이용해서 자유롭게 그림을 그려 보세요.

4 양면테이프로 글씨를 쓴 뒤 테이프를 떼어내세요.

5 종이 위에 커피 가루를 올렸다 털어내면 글자만 남아요!

6 최근에 익힌 단어들 위주로 단어를 재미있게 학습해요.

tip :) 놀이식 학습이 되면 자연스럽게 글자에 흥미를 가지게 되지요!

7 좋아하는 장난감을 주고 자유롭게 놀아 보세요. 피규어를 가지고 상황극을 하며 의성어, 의태어를 많이 쓰면 언어가 더 발달 돼요!

놀이 플러스

커피 가루에 물을 몇 방울 떨어뜨려 진한 색, 연한 색을 만든 뒤 그림을 그려 보세요. 좀 큰 아이라면 스스로 커피에 물을 섞는 것부터 하면 더 재미있어해요.

24 가루야~ 모래야~
알록달록 모래를 만들어 내 마음대로 놀아 보자!

해수욕장에 가지 않고도 밀가루를 이용해서 집에서 모래놀이를 할 수 있어요! 색깔을 넣으면 알록달록해서 아이들이 더 좋아하지요. 상상한 것을 완성했을 때에는 성취감을 느끼고, 만든 것을 부술 때에는 스트레스를 날릴 수 있지요! 직접 색을 섞어서 반죽하며 손 근육을 발달시키고, 자유자재 형태를 만들어 볼 수 있어서 창의력과 상상력이 쑤욱 커질 거예요!

이런 점이 좋아요

창의력은 물론 표현력과 탐구력을 향상시켜 주고, 정서 발달에도 좋아요!

준비물

밀가루 360g,
오일(식용유) 90ml,
색소(물감), 놀이 매트,
종이컵, 볼, 주걱, 장난감

1 밀가루 360g, 오일 90ml를 볼에 부어 섞어주세요.

tip :) 보슬보슬한 느낌을 원하면 밀가루를 조금 더 넣어도 괜찮아요.

2 색소를 한두 방울 넣어 밀가루와 섞어 색을 내어 주세요.

3 여러 가지 색을 만들어 트레이에 담아서 색을 비교해 보고 장난감을 가져와서 놀아 보세요.

4 색들을 모두 섞은 후 변화한 색을 관찰해 보세요.

5 종이컵에 꾹꾹 눌러 담은 밀가루 모래를 뒤집어엎은 뒤 장난감 칼로 잘라 보세요.

tip :) "반을 잘랐으니 2분의 1이네?"

6 또 한 번 더 잘라 보세요.

tip :) "반의 반을 잘랐으니 4분의 1이네!"라고 지나가듯 알려주세요.

7 초를 꽂아 생일 노래도 불러 보세요.

놀이 플러스

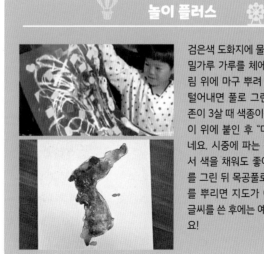

검은색 도화지에 물풀로 그림을 그려요. 밀가루 가루를 체에 받쳐 톡톡 치며 그림 위에 마구 뿌려 주었어요. 밀가루를 털어내면 풀로 그린 그림이 나타나요! 존이 3살 때 색종이를 다양하게 잘라 종이 위에 붙인 후 "마을이에요!"라고 하네요. 시중에 파는 색깔 모래를 이용해서 색을 채워도 좋아요. 우리나라 지도를 그린 뒤 목공풀로 칠한 후 색깔 모래를 뿌리면 지도가 예쁘게 꾸며지지요. 글씨를 쓴 후에는 예쁜 글자가 완성되고요!

 # 25 옥수수 가루를 조물조물

놀이 연령
3세+

옥수수 가루로 생쥐 가족을 만들어 보자!

어질러지는 게 싫어서 촉감 놀이를 미루어 두었다면 놀이 매트를 펴놓고 하루쯤 신나게 놀게 해 주세요! 색과 모양을 보고 연상되는 동물을 창의적으로 표현할 수 있고, 좋아하는 장난감으로 상황극을 만들며 어휘력도 발달한답니다! 맛보고, 손과 발로 느끼고, 노란 옥수수 가루를 보고 있으면 오감 자극이 충분한 하루가 되고 아이의 웃음 소리는 커질 거예요!

이런 점이 좋아요

음식 재료를 탐색하며 재료의
특징을 익히고, 좋아하는 동물을
만들어 가면서 아이들의 지적인
성장과 창의력이 쑥 자란답니다.

준비물

옥수수 가루 360g,
오일(식용유) 90ml,
놀이트레이, 무빙 아이,
이쑤시개, 장난감, 접시,
종이컵, 주방 도구

1 옥수수 가루 360g에 식용유 90ml을 부어 주세요.

tip :) 만져보고 취향에 맞게 가루 양을 조절해도 좋아요.

2 맛이 궁금하다면 맛을 봐도 좋아요!

tip :) 재료를 조금씩 맛보며 호기심이 충족됩니다.

3 장난감을 넣고 상황극을 펼쳐가며 자유롭게 놀아요.

4 볼에 미지근한 물을 더 부어 절구 놀이를 하고, 만들고 싶은 동물 모양을 만들어도 좋아요.

수염을 만들어 줘서 고마워~

5 생쥐 가족을 만든 후 옥수수 가루를 더 묻혀 주었어요. 눈알을 붙이고 이쑤시개로 수염을 만들어 주었어요.

6 물을 더 부어서 놀아도 괜찮아요! 노란색 바닷물이 되었다며 재미있어 했답니다. 손으로 조물조물 오감을 자극하다 보면 창의력이 쑥 자랄 거에요!

놀이 플러스

검은색 도화지에 물풀로 글씨를 쓰세요. 그 위에 옥수수 가루를 뿌린 후 털어주면 글자가 나타나요! '사랑해'라는 글씨가 마음을 전달하는 것 같아요!

Part

02

아이의 생각 주머니를 키워주는

기법 놀이

자신의 생각을 자유롭게 표현하는 기법을 알면 상상력과 사고력을 높이는 데 도움이 돼요. 다양한 미술 기법을 경험하며 자유로운 자기표현과 의사소통이 가능해지고요. 엄마의 설명을 주의 깊게 들으며 집중력도 높아지지요.

 **데칼코마니 놀이**

물감과 실을 이용해 쌍둥이 그림을 그려 보자!

데칼코마니는 물감으로 무늬를 낸 종이를 반 접거나 다른 종이를 덮어 찍어서 대칭적인 무늬를 만드는 회화기법이에요. 두 돌부터 할 수 있는 쉽고 간단한 미술 놀이이지요. 우연한 얼룩이나 어긋남의 효과를 이용해 대칭적인 무늬가 나타나서 아이들이 신기하고 재미있어해요! 3살부터는 자기 주도성 발달로 인해 물감 선택도 스스로 선택하려고 한답니다!

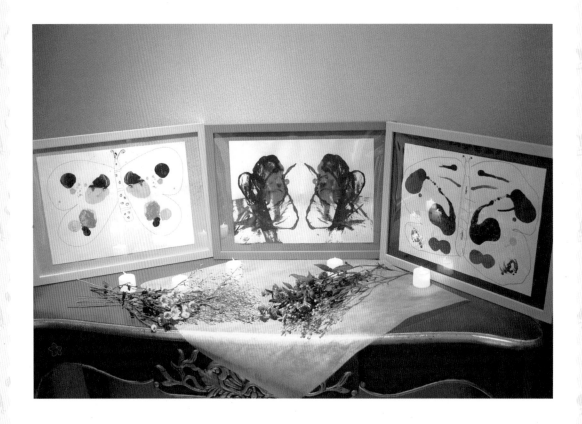

이런 점이 좋아요

데칼코마니 놀이를 하면 대칭에 대해서 알 수 있어요. 물감의 양과 실을 빼는 방향에 따라서 그림이 다르게 나타나는 것도 알 수 있지요.

준비물

물감, 도화지, 사인펜, 종이컵, 실 3개, 가위

1 도화지를 반으로 접은 후 한쪽 면에 물감을 한두 방울씩 짜보고 길게도 짜 보세요.

2 종이를 접은 후 꾹 누르고 위에서 아래까지 잘 문질러 보세요.

3 종이를 펼친 후 나비의 테두리를 그려 보세요. 사인펜으로 나비 몸통에 무늬도 넣어 보고요. 나비 완성!

4 반으로 자른 종이컵에 물감을 짜 넣고 실을 담가 색을 묻혀 주세요.

5 물감 묻힌 실을 종이 위에 원하는 모양으로 놓고 종이를 반으로 접은 후 꾹 누르고 위에서 아래까지 문질러 주세요.

6 원하는 방향으로 실을 쭉 뽑은 후 그림을 펴서 확인해요.

tip :) 물감을 짜서 표현한 것과 실에 묻혀서 표현한 것의 차이를 느껴보세요.

놀이 플러스

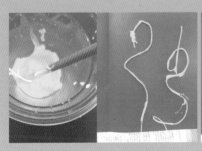

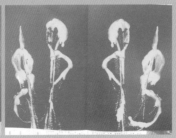

물감을 넣은 통 안에 체인 줄을 넣은 후 붓으로 꼼꼼히 묻혀 주세요. 도화지 반을 접어 한쪽에 체인 줄을 길게 놔둔 후 도화지를 덮고 손으로 도화지를 누른 상태에서 밑으로 쭉 잡아당겨 보세요. 예쁜 백합 모양이 된답니다!

02 롤러로 밀어 밀어
종이에 종이를 붙인 뒤 그림을 찍어내 보자!

놀이 연령
4세

고무나 나무 등의 판에 그림을 새긴 다음 물감을 칠하여 종이나 천에 찍어내는 기법인 판화는 아이들이 하기에 쉽지가 않아요. 그래서 종이에 종이를 붙여 종이 판화를 해보기로 했어요. 자르고 붙이는 활동을 아이들이 좋아해서 정말 재미있답니다! 롤러를 미는 과정까지 있으니 아이들과 즐겁게 할 수 있는 미술 놀이예요!

이런 점이 좋아요

쉽고 재미있게 판화의 특징을 알 수 있어요.

준비물

마분지, 도화지, 만능 본드(풀), 가위, 연필, 일회용 접시, 롤러, 물감

1 마분지 등의 두꺼운 종이에 다양한 도형으로 원하는 그림을 그려 보세요.

tip :) 오리기 쉬운 형태가 좋아요!

2 종이 위에 그린 그림을 오린 뒤 만능 본드를 발라 주세요.

3 다른 종이에 오린 도형 그림을 붙이고, 롤러에 물감을 묻혀 밀어 주세요.

tip :) 다양한 색을 활용하면 더 예뻐요!

4 도화지를 위에 올리고 손바닥으로 문질러 보세요.

5 도화지를 뒤집어 판화가 찍힌 모습을 관찰해 보세요.

6 물감을 더 듬뿍 묻혀 보세요.

7 물감을 많이 묻히니 판화가 더 선명하게 나왔지요!

놀이 플러스

택배를 받으면 나오는 뽁뽁이도 가능해요! 파인애플을 그리고 물감을 칠해준 뒤 종이를 문질러 보세요. 물감을 많이 묻힌 것과 조금 묻힌 것도 비교해 보고요. 파인애플 그림 예쁘죠?

03 뿔 모양 꽃 모양 스텐실 놀이

놀이 연령
3세

스텐실 기법으로 다양한 모양을 찍어 보자!

스텐실은 글자나 무늬 등의 모양을 오려낸 판에 물감을 넣어 그림을 찍어내는 판화 기법 중 하나예요. 모양을 한 번 오려놓으면 재사용이 가능해서 다른 그림도 쉽게 표현할 수 있지요. 스펀지에 물감을 묻힌 뒤 오려낸 모양 위에 콩콩콩 찍어 보세요. 같은 모양도 쉽게 여러 번 만들 수 있어서 아이들에게는 즐거운 경험이 될 거예요!

✳ 이런 점이 좋아요

스텐실 기법을 통해 다양한 표현법을 익힐 수 있어요.

🎨 준비물

수채화 물감, 아크릴 물감, ohp 필름, 사인펜, 도화지, 수수깡, 뽕뽕이, 붓, 가위, 만능 본드, 팔레트

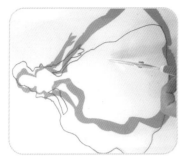

1 출력한 도안 위에 ohp 필름을 놓고 네임펜으로 따라 그린 뒤 가위를 이용해서 그림 안쪽을 파내 주세요.

2 도화지에 붓으로 물을 흥건하게 발라 주세요.

tip :) 물을 충분히 발라야 수채화 번지기가 잘 표현돼요.

와~ 물감이 번지네!

3 물이 마르지 않은 도화지에 수채화 물감을 묻혀 칠해 주세요.

4 수채화 물감을 충분히 말려 주세요.

tip :) 마르는 동안 글루건으로 수수깡에 뿅뿅이를 붙여 스펀지를 만들어 주세요.

5 수채화 물감이 칠해진 도화지 위에 ohp 필름지를 움직이지 않게 테이프로 붙여 주세요.

어떤 무늬가 나올까?

6 도화지에 모양틀을 올리고 스펀지에 검은색 물감을 찍어 콩콩콩 묻혀 보세요.

난 공주님이야~

난 엄마 코끼리와 아기 코끼리!

7 친구와 함께 멋진 그림을 완성했어요!

놀이 플러스

아이 나이가 어리다면 더 간단한 도형을 만든 뒤 스펀지로 찍어 스텐실을 해 보세요. 알록달록한 색으로 별 모양, 꽃 모양을 만들어서 찍으면 멋진 작품이 완성돼요!

04 뗑그랑~ 동전 긁고 또 긁고

동전 무늬로 돈 나무 그림을 만들어 보자!

동전이나 잎 등 면이 올록볼록한 것 위에 종이를 대고 연필 등으로 문지르면 물체의 무늬가 베껴지는 프로타주 기법을 응용한 것입니다. 쉽고 재미있어 어린아이도 재미있게 미술 놀이를 할 수 있어요. 집 근처를 산책하면서 여러 모양의 나뭇잎을 주우면 잎에도 여러 가지 모양이 있다는 것과 지갑에 있는 동전도 여러 가지 종류가 있다는 것을 알 수 있어요!

이런 점이 좋아요

주위 사물을 관찰하며 관찰력을 키우고 프로타주 기법을 자연스럽게 익힐 수 있어요.

준비물

동전, 나뭇잎, 가위, 도화지, 풀, 크레파스, 색연필, 물감

1 주워온 나뭇잎을 탐색해 보세요.

2 이파리 위에 얇은 종이를 깔고 원하는 색을 골라 색연필을 칠해 보세요.

3 다양한 동전 앞뒷면을 골고루 관찰해 보세요.

4 동전을 종이 아래에 깔고 연필로 칠해 보세요.

5 크레파스로도 동전 무늬를 칠해 보세요. 알록달록한 색감이 참 예쁘죠!

6 나무 그림을 그리고 크레파스로 칠한 동전 무늬를 잘라서 풀로 붙여 보세요.

7 나무에 동전을 붙이니 멋진 돈나무가 완성됐어요!

놀이 플러스

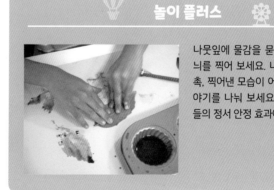

나뭇잎에 물감을 묻힌 후 도화지에 무늬를 찍어 보세요. 나뭇잎과 물감의 감촉, 찍어낸 모습이 어떤지 등에 관한 이야기를 나눠 보세요. 자연소재는 아이들의 정서 안정 효과에 아주 좋답니다.

05 티슈야 커져라!

티슈에 스포이드로 물감을 떨어뜨리면 티슈가 커지는 것을 관찰해 보자!

코인 티슈는 동전 모양으로 압축한 티슈예요. 스포이드로 물을 떨어뜨리면 빠르게 흡수해 솜사탕처럼 커지는 모습을 보며 아이들이 엄청 좋아해요. 물을 흡수하고 부피가 커지는 것은 아이들에게 지적 호기심을 불러일으키고 미술 활동하기에도 좋은 재료가 되지요. 스포이드를 이용해 코인 티슈가 모세관현상으로 물을 흡수하는 과정을 알아보세요!

이런 점이 좋아요

코인 티슈로 모세관현상을 체험해
보며 상상력이 커져요!

 준비물

코인 티슈, 스포이드,
물감, 물감통, 사인펜,
스크래치북(도화지),
글루건(만능 본드)

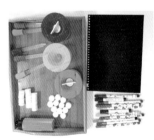

1 글루건을 이용해서 코인 티슈를 서로 붙여 주세요.

tip :) 글루건은 손에 닿으면 뜨거우니 엄마가 도와주세요!

2 사인펜을 이용해서 코인 티슈에 작은 그림을 그려 보세요.

3 스크래치북에 그림을 그린 후 글루건으로 코인 티슈를 붙여 보세요.

와! 티슈가 위로 올라오네? 신기하다!

4 코인 티슈에 물이 닿으니 마술처럼 점점 부풀어 올라요!

5 알록달록한 엄마의 파마머리 완성이네요!

와! 마술 같아. 점점 길어지네!

6 코인 티슈 여러 개를 애벌레처럼 길게 붙인 후 물감을 뿌려 보세요.

신기해!

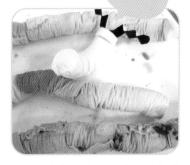

7 물감을 뿌릴수록 애벌레가 점점 커지네요!

놀이 플러스

초록색 종이에 잎을 그려 붙인 뒤 코인 티슈를 주렁주렁 붙여 주세요. 보라색, 파란색 물감을 스포이드로 뿌려 주면 먹음직한 포도가 된답니다!

 번지기 기법

사인펜으로 태양계를 그린 뒤 물을 뿌려 번지게 해보자!

화장솜에 물감을 칠한 뒤에 물을 뿌리면 번져 나가는 모양을 볼 수 있어요. 분무기로 물을 뿌리는 놀이는 아이들의 흥미가 더욱 커진답니다. 다 쓴 칫솔 2개로 툭툭 치면 물감이 번져서 별처럼 표현되는 효과도 참 근사하답니다. "우주에는 무엇이 있을까?" 하고 물으면 호기심이 자극되겠지요. 지구에서 가까운 우주 행성계의 특징도 알아보는 유익한 시간이에요!

이런 점이 좋아요

화장솜과 다 쓴 칫솔을 이용해
뿌리기 기법과 번지기 기법을 익힐
수 있어요.

준비물

검정색 도화지, 동그란
압축 화장솜 10개,
목공풀, 칫솔 2개, 아크릴
물감(흰색), 사인펜, 백묵,
플라스틱 통, 분무기

물을 넉넉하게 넣어야 뿌리기 좋은 상태가 된다고!

1 플라스틱 통에 흰색 물감과 물을 섞어 칫솔에 듬뿍 묻혀 보세요.

2 물감 묻은 칫솔을 아래에 두고 다른 칫솔로 툭툭 쳐 주세요. 검정색 도화지에 흰색 물감이 뿌려지는 모습이 멋져요!

3 사인펜으로 화장솜에 줄도 긋고 색칠도 해 보세요.

뿌리는 건 재밌어!

4 분무기를 이용해 화장솜에 물을 뿌려 주세요.

번지니까 예쁘다~

5 화장솜은 하루 동안 말린 후 색깔별로 번진 모습을 관찰하고 이야기 나눠 보세요.

6 백묵으로 우주계를 동그랗게 그린 뒤 목공풀로 화장솜을 붙여 주세요.

tip :) 밝은색 색연필로 그려도 돼요..

7 작은 행성은 잘라서 태양계 순서대로 붙인 뒤, 행성 이름을 써 보세요.

tip :) 태양에서 가까운 행성의 순서 : 수성<금성<지구<화성<목성<토성<천왕성<해왕성

놀이 플러스

물로 만든 백묵을 이용해 검정도화지에 그리면 낙서만 해도 멋져 보인답니다! 물 백묵은 유리창이나 거울에 글씨를 쓰거나 그림을 그린 뒤 물티슈로 쓱 닦으면 잘 닦여요.

07 습자지로 하는 쉬운 염색 놀이

놀이 연령
4세

알록달록 습자지를 붙이고 분무기로 물을 뿌려 보자

손목에 힘이 생겨 분무기에 물을 뿌리는 놀이를 할 수 있다면 집에서 염색도 할 수 있어요. 물도 뿌리고 색깔이 변하는 것도 관찰해 볼 수 있는 미술 염색 놀이를 재미있게 해 보세요. 습자지를 직접 떼어보며 색이 변하는 것을 신기하게 느낄 수 있을 거예요. 흰색 크레파스로 스케치를 하면 그 부분은 어떻게 될까요? 함께 알아봐요!

 이런 점이 좋아요

습자지의 특징과 흰색 크레파스 부분은
염색이 안 되는 것을 알 수 있어요.

준비물

도화지, 습자지, 풀,
크레파스(흰색),
분무기, 가위

1 흰 도화지에 흰색 크레파스로 선을 그려요.

2 도화지에 풀을 넓게 펴 바른 후 잘게 자른 습자지를 마음대로 붙여 보세요.

물뿌리는 건 너무 재밌어!

3 분무기를 이용해 습자지 위에 물을 뿌려 보세요.

4 하루 동안 햇볕에 말린 후 다음 날 습자지를 살살 뜯어 보세요.

찾았다! 내가 그린 선이야!

5 습자지를 뜯어 보면 어제 그린 흰색 크레파스 선이 드러나지요?

6 습자지를 꼼꼼히 다 떼어내면 알록달록 염색된 예쁜 그림이 완성! 액자에 넣으면 멋진 작품이 된답니다.

놀이 플러스

색종이를 가위로 촘촘히 잘라 풀을 표현해 주세요. 휴지심을 반 자른 후 색칠하여 도화지에 붙이면 나무 기둥이 됩니다. 부드러운 습자지를 구겨서 만능 본드를 이용해서 붙이고 구름과 꽃 등도 만들면 꽃밭이 완성! 구성 능력과 표현력이 발달 돼요!

08 휴지심으로 찍어 볼까?

휴지심을 잘라 예쁜 꽃 모양 그림을 그려 보자!

놀이 연령
3세

휴지심, 포크, 칫솔 등 우리 주변에 있는 익숙한 물건을 이용한 놀이랍니다. 물감을 묻혀 찍어내면 멋진 그림이 되는 재미난 놀이가 될 거예요. 생활 속에서 다른 재료도 더 찾아서 재미나게 찍기 놀이를 해 보세요.

이런 점이 좋아요

휴지심을 자른 두께에 따라 꽃의
모양이 달리 나오는 것을 알 수 있어요.
물건의 질감에 따른 차이도 있다는
것을 알 수 있어요.

준비물

물감, 도화지, 가위,
휴지심, 팔레트,
포크, 칫솔

1 휴지심 여러 개를 두께를 달리
해서 가위로 잘라 보고 모양이
어떻게 다른지 관찰해 보세요.

2 포크에 물감을 묻혀 종이에 콕
콕 찍어 보세요.

용이 하늘로
날아오르는 것
같아!

3 이번에는 칫솔에 물감을 묻혀
자유롭게 그림을 그려 보세요.

4 두께가 다른 여러 종류의 휴
지심에도 원하는 색의 물감을
묻혀서 찍어 보세요.

tip :) 휴지심 끝에 벌어진 부분에도 골고
루 물감이 묻게 해 주세요.

꾸욱
골고루 찍자!

5 물감을 묻힌 휴지심을 종이에
찍어요.

휴지심 두께에
따라 꽃의 모양이
다 다르네?

6 포크로 꽃 중앙을 표현하니 예
쁜 꽃들이 완성되었네요.

놀이 플러스

일회용 쟁반에 물감을 부어 펼친
뒤 종이컵이나 요구르트병 등에 물
감을 묻혀 종이에 찍기 놀이를 해
보세요. 크기가 다른 둥글둥글한
무늬가 나와서 재미있어요.

 09 **잡지를 찢어 찢어~**

잡지에서 색깔을 찾아내 붙여 보자

신문지, 벽지, 잡지 등을 풀로 덧붙여 채색 효과를 주는 게 콜라주 기법이에요. 어린아이일수록 크게 찢어 붙여야 재미를 느낄 수 있답니다. 여러 번 연습해 본 아이라면 점점 작은 크기로 찢어 붙이며 끈기를 기를 수 있어요. 붓으로 채색한 그림과 잡지를 찢어 붙여서 채색한 그림과 다른 점을 이야기해 보세요.

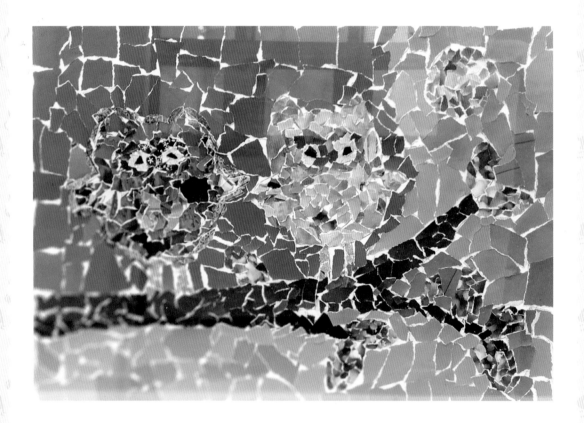

 이런 점이 좋아요

잡지를 찢으며 소근육이 발달 되고 풀로 붙이는 과정을 겪으며 인내력과 집중력이 향상됩니다.

준비물

도화지, 연필, 목공풀, 잡지, 가위

사이좋은 부엉이 두 마리를 그릴 거야~

1 종이에 동물 그림을 그려요.

2 종이를 붙일 부분에 먼저 목공 풀을 발라 주세요.

tip :) 목공풀은 붙이고 10초 정도 지나면 접착력이 커져요.

3 부엉이는 잡지 책에서 분홍색을, 잎 부분은 초록색을 잘라서 붙여 보아요.

4 붓으로 꼼꼼히 바른 뒤 남은 면적이 작을 경우 종이도 작게 잘라 붙여 칸을 완성해 가세요.

tip :) 나이가 어리다면 엄마가 같이 도와주면서 완성하면 협동심이 길러져요.

5 사이 좋은 파란색, 분홍색 부엉이가 완성!

6 배경까지 붙여 보았어요. 색칠한 것과 다르게 잡지 콜라주 작품의 특징이 잘 드러나네요!

놀이 플러스

종이에 멸치 조개껍질 등 다양한 재료를 붙여 바다를 표현해 보세요. 참 재미있어요!
아이들이 좋아하는 토끼를 그린 후 잡지를 찢어서 완성했어요. 꼬리와 목 부분은 잡지의 털 목도리 부분을 잘라 붙이니 진짜 꼬리 같네요!

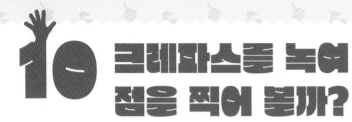

10 크레파스를 녹여 점을 찍어 볼까?

점묘법으로 양 한 마리를 그려 보자!

놀이 연령
6세

붓, 사인펜, 면봉 등으로 점을 찍어 색을 채워 나가는 점묘법은 시간은 오래 걸리지만 독특한 방법을 통해 그림을 완성할 수 있어요. 지구력과 집중력이 커지고 지적 능력도 높아지겠죠? 초를 켜야 되니 환기에 신경 쓰고, 화상의 위험이 있으니 아이스크림 막대기를 붙여 길게 만들어 주거나 장갑을 끼는 것도 좋아요. 초는 항상 조심해야 하니 엄마가 잘 지켜봐 주세요!

이런 점이 좋아요

독특한 방법으로 다양한 질감이
느껴지는 그림을 완성할 수 있어요!

준비물

초, 크레파스, 도화지,
종이테이프,
미니 가스라이터,
아이스크림 막대기

귀여운 양을 그릴 거야.

1 도화지에 그리고 싶은 것을 자유롭게 그려 보세요.

2 양의 얼굴을 그리고 발을 색칠했어요.

3 종이테이프를 이용해서 크레파스에 아이스크림 막대기를 단단히 붙여서 준비해 주세요.

4 막대기에 붙인 크레파스를 촛불에 3초 정도 대고 녹여 주세요.

tip :) 불을 이용하니 주의사항을 잘 알려 주고 지켜봐 주세요. 장갑을 끼고 해도 좋아요.

5 그림에 크레파스를 꾹 눌러 주세요. 여러 가지 색을 활용하면 더 좋겠죠.

tip :) 누른 후 살짝 돌리면 더 잘 표현돼요.

6 양이 먹는 풀과 해님도 그린 후 크레파스를 녹여서 꾹 찍어 주세요.

놀이 플러스

우리나라 꽃 무궁화를 그린 뒤 사인펜을 이용해 색깔을 콕콕 찍어 표현해 보세요. 색다른 느낌의 무궁화 그림이 완성된답니다!

11 굴려라 굴려

구슬을 굴리며 의도하지 않은 재미있는 그림을 그려 보자!

구슬은 아이들이 좋아하는 재료 중 하나이지요. 동굴동글 작고 귀여운 구슬로 물감 놀이를 했어요.
구슬에 물감을 묻히면 구슬이 가는 길을 따라 예쁜 물감 길이 생겨요. 구슬 그림은 쉽게 완성할 수
있고 아이들은 정말 재미있어하는 기법이랍니다. 무늬가 있는 공에 해 보면 또 다른 느낌의 그림이
완성되는 재미있고 신기한 방법이에요!

이런 점이 좋아요

구슬의 특성을 알 수 있어요. 둥근 공
형태의 표면 모양에 따라 다른 무늬가
나오는 것을 알 수 있지요.

준비물

구슬, 물감, 종이컵,
장난감 정리 박스,
일회용 컵, 가위, 도화지,
골프공

여러 가지 색 구슬을 만들자~

1 일회용 컵에 물감과 구슬을 넣어 흔들어 주세요.

2 장난감 정리 박스 안에 종이를 깔고 색 구슬을 모두 넣어 흔들어 보세요.

3 흰 종이 위에 하트 모양을 잘라낸 분홍색 종이를 위에 올려요.

4 박스 안에 종이를 올리고 물감 묻힌 구슬을 넣어 흔든 뒤 분홍색 종이를 제거하면 끝!

5 장난감 정리 박스 안에 물감을 묻힌 골프공을 넣어요. 이리저리 맘껏 굴려 보세요.

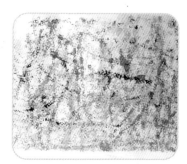

6 멋진 골프공 추상화 그림도 완성!

🎈 놀이 플러스 🎡

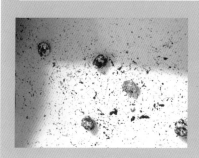

은박지를 공처럼 만든 뒤 은박지 무늬가 어떻게 표현될지 이야기를 나누어 보세요. 그 후 물감을 묻혀서 굴려 보면 결과가 어떤지 살펴볼 수 있겠죠?

12 구겨진 그림

은박지를 구겨서 멋진 그림 효과를 만들자!

놀이 연령
4세 +

스테인드글라스는 형형색색의 유리를 사용해서 꾸미는 기법을 말해요. 중세 유럽에서 교회 등의 건물을 지을 때 많이 사용했는데, 색유리가 빛과 만나 아름답게 반짝거리는 것을 보고 빛의 예술이라고도 불리지요. 투명한 ohp 필름에 그림을 그리고 뒤에 은박지를 구겨서 덧대어 주면 스테인드글라스 효과를 낼 수 있어요. 햇빛에 비추면 더 반짝거린답니다!

이런 점이 좋아요

은박지가 변신하는 모습을 보면서
창의력이 증대될 거예요!

준비물

매직, 은박지, 풀, 가위,
ohp 필름(코팅지),
모루(끈), 테이프

1 ohp 필름에 매직을 이용해서
그리고 싶은 그림을 그려요.

tip :) 색상이 짙은 색일 경우에는 ohp 필름 밑에 흰 종이를 깔면 잘 보여요!

2 색깔 있는 매직펜으로 색칠을
해 보세요.

3 코팅지 그림을 대고 은박지를
크기에 맞게 잘라 주세요.

4 은박지를 마구마구 구긴 후
은박지를 펼쳐 풀을 발라 주
세요.

tip :) 코팅지로 할 경우 접착제가 있는 면이 나오게 비닐만 제거해 주면 됩니다.

5 그림이 잘 붙도록 문지른 후
뒷부분에는 모루 끈을 테이프
로 붙여 주세요.

6 잘 보이는 벽에 걸면 끝!

놀이 플러스

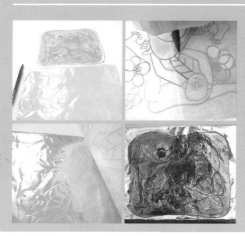

박스 종이 위에 은박지를 깔아 단단하게 해준 뒤 뾰족한 나무막대기로 은박지가 찢어지지 않도록 조심하며 그림을 그려 보세요. 위에 매직으로 색칠해주면 이중섭의 은지화 기법 그림을 그릴 수 있어요.

① 얇은 책자 위에 은박지를 씌운다.
② 이중섭 그림을 프린트해 은박지위에 올려놓고 볼펜에 힘을 주어
   따라 그린다.
③ 종이를 열어보며 은박지에 선이 잘 나오는지 확인한다.
④ 은박지에 매직으로 색칠한다.
⑤ 검은색 네임펜으로 테두리를 그리면 완성!

• **은지화 기법** : 은박에 뾰족한 도구로 드로잉을 하면 긁힌 부분은 미세한 음
   각이 되는데 그 위에 물감을 다시 바르고 닦으면 마치 고려청자의 상감기법
   처럼 물감이 파인 부분을 메꾸며 독특한 느낌으로 완성되는 기법이에요.

물감이 흘러 작품 탄생
플루이드 아트를 체험해 보자!

놀이 연령
6세

플루이드 아트(아크릴 푸어링)를 이용해 물감의 흐름을 이용해 작품을 표현하는 방법을 배울 수 있어요. 플루이드 아트는 아크릴 물감과 보조제를 섞어 묽게 만든 후 캔버스에 부어서 우연의 효과를 내는 추상화 기법인데 세 가지 이상의 색으로 누구나 쉽게 다양한 작품을 만들 수 있지요. 토치를 쏘아서 셀을 만드는 모습을 아이들은 너무 신기하고 재미있어 한답니다!

 이런 점이 좋아요

즉각적으로 색이 혼합되어 그림이 만들어지는 과정을 볼 수 있어요!

준비물

아크릴 물감, 실리콘 오일, 엘머스 글루올, 물, 종이컵(5개), 플라스틱 컵(1개), 플라스틱 소주 컵(5개), 캔버스, 막대기, 라텍스 장갑, 큰 비닐, 가정용 토치, 전자저울

1 물감 15g에 글루올 15g, 물 9g 을 넣어 섞어 주세요.

2 각각 실리콘 오일 3방울씩 넣고 잘 섞어 주세요.

3 큰 플라스틱 컵에 물감들을 하나씩 부어서 색이 겹치도록 해 주세요.

4 캔버스를 플라스틱 컵 위에 놓은 뒤 바로 뒤집어 주세요.

5 컵을 천천히 올려 보세요.

6 물감들이 컵에서 쏟아져 나오면서 신비로운 무늬가 생겨요.

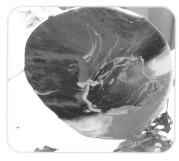

7 캔버스를 좌우로 움직이면 신비로운 느낌의 그림이 가득 채워져요!

tip :) 작은 아이는 작은 캔버스를 사용해도 좋아요!

8 토치에 불을 켜면 그림에 작은 기포들이 나타나요!

9 멋진 작품을 전시해 보세요.

 # 또르르 비 만들기
색깔 약통을 눌러서 비를 만들고 흘려 보자!

놀이 연령
4세

아이들은 비가 내리면 비를 맞아 보고 싶으니 밖에 나가자고 할 때가 있어요. 하지만 감기에 걸릴 것이 걱정이 되기도 하지요. 아이가 아쉬워할 때 자기 모습을 그림으로 그리고 비를 만들어 주면 대리만족할 수 있을 거예요! 색깔이 다양한 비를 만들어 보는 물감 흘리기 기법을 체험해 보면 손의 조절 능력을 발달시키고 표현력도 커질 거예요!

 이런 점이 좋아요

나를 그림으로 표현하면 자아존중감을 가질 수 있고, 표현력과 상상력이 커져요!

준비물

크레파스, 수채화 물감, 도화지, 본드, 약통, 뽕뽕이

1 크레파스로 우산을 들고 있는 자신의 모습을 그려요.

tip :) 아이가 그림을 그릴 때 엄마는 약통에 물감과 물을 섞어 색깔 물을 만들어요.

2 본드를 이용해서 우산에 뿅뿅이를 붙여 주세요.

알록달록 색깔 비가 예뻐!

3 도화지를 살짝 든 후 물감 약통을 눌러서 물감을 떨어뜨려 보세요.

tip :) 물의 양을 넉넉하게 해야 돼요.

4 물감 비가 아래로 흘러내리는 것을 관찰해 보세요.

tip :) 잘 흘러내리도록 엄마가 도화지 위쪽을 살짝 들어주세요.

와, 그것도 예쁘다!

내 색깔 비 예쁘지?

5 여러 색깔의 물감 비를 만들어서 비교하며 이야기를 나누어 보세요.

6 크레파스로 그린 부분은 기름 성분이어서 색깔 비가 묻지 않아요!

tip :) 크레파스를 꼼꼼히 칠할수록 색깔 비가 보이지 않아요!

놀이 플러스

붓에 물감을 듬뿍 묻힌 후 도화지에 꾹 눌러도 색깔비처럼 흘러 내리는 것을 볼 수 있어요. 색종이를 구겨서 구름 모양으로 붙여보면 구성 능력을 발달시킬 수 있어요.

15 빨대로 후후 불고 쿡쿡 찍어 봐요

놀이 연령
4세

빨대로 꽃과 소방차를 표현해 보자!

봄날의 벚꽃은 너무 빨리 사라져서 아쉬워요. 그림으로 표현해서 사계절 내내 볼 수 있는 벚꽃을 그려 보세요. 물기가 많아 빨대로 잘 불어지는 먹물을 이용하면 동양화 느낌이 물씬 드는 벚꽃 그림을 연출할 수 있답니다. 아이들이 좋아하는 빨간색 소방차도 빨대를 이용하면 사이렌의 반짝이는 모습을 표현할 수 있어요!

이런 점이 좋아요

생활 재료를 활용해 찍기와
빨대 불기 기법을 알 수
있어요.

준비물

면봉, 고무줄, 물감,
크레파스, 팔레트,
도화지, 빨대, 약통, 풀,
뽁뽁이(생략 가능)

1 약통에 먹물을 넣은 뒤 도화지 위에 떨어뜨려 나무를 표현해 보세요.

2 빨대를 이용해 다양한 방향으로 불면서 나무줄기를 만들어 보세요.

3 면봉 8개 정도를 고무줄로 묶은 뒤 물감을 묻혀 주세요.

4 여러 색깔 물감을 면봉에 묻힌 후 콕콕 찍어서 꽃을 표현해 보세요.

5 뽁뽁이에 노란 물감을 묻혀 벌집을 만들어 주세요.

예쁜 꽃이 있으니 벌도 그려줘야지~

6 벌도 그린 뒤 풀로 붙여 줬어요.

7 사계절 두고 언제든지 볼 수 있는 벚꽃 나무가 완성됐어요!

8 소방차를 그리고 물감을 떨어뜨려 빨대로 후 불어주세요. 사이렌의 반짝반짝 불빛과 무지개색 물줄기를 뿜어내는 코끼리를 그려 보았어요!

tip :) 빨대를 움직이면서 불면 표현하기 더 쉬워요.

16 실을 돌리고~ 겹치고~

실을 이용하는 스트링 아트를 배워 보자!

스트링 아트는 선을 이용해서 교차해가며 그림을 만드는 활동을 말해요. 나무판에 못과 망치를 이용하는 게 보통이지만 아이들은 망치 사용이 아직은 위험하지요. 채소를 사면 같이 오는 스트로폼을 재활용하면 어떨까요? 나무보다는 힘은 없지만 연습하기에는 충분해요! 아이와 함께 부담 없는 스티로폼 스트링 아트를 해 보세요!

이런 점이 좋아요

직선을 교차해서 곡선을 만들 수 있는 이색적이고 특이한 경험을 할 수 있어요!

준비물

스티로폼, 털실(자수실), 끈, 푸시핀, 가위, 그림 프린트물

1 푸시핀을 소방차 모양으로 꽂아 주세요.

tip :) 실을 묶은 뒤 두 번째 핀, 세 번째 핀에 한 번씩 돌리는 방식으로 하면 돼요.

2 한 번에 멀리 가지 않고 가까운 핀에 가서 한 번씩 돌리면서 진행하고 마지막에는 매듭을 짓고 가위로 잘라 주세요.

3 두 번째는 코끼리 모양으로 푸시핀을 꽂아 주세요.

tip :) 코끼리 모양을 프린트해서 그 위에 핀을 꽂은 뒤 종이를 찢어내도 돼요.

4 처음에 핀 하나에 매듭을 짓고 핀마다 한 번 돌린 후 다음 핀으로 이동하는 방식으로 실을 이쪽저쪽 연결하며 진행해 주세요. 코끼리 모양이 나타나요!

tip :) 한 번 감은 핀에 여러 번 반복해서 감아도 돼요.

5 마지막에 매듭을 짓고 가위로 잘라 주세요. 코끼리 완성!

6 전구를 달아 불을 켜면 더 예쁘지요?

tip :) 뒷면은 뾰족한 침이 있으니 뽁뽁이를 대고 테이프를 붙여 주세요.

🎈 놀이 플러스 🎡

방울토마토가 담겨 있던 두툼한 스티로폼에 하트 모양으로 스트링 아트를 해 봤어요. 얇은 스티로폼보다 튼튼해서 하기 쉬워요. 전구도 달아주니 반짝반짝 예쁘지요?

17 종이를 찢어 보자

모자이크 기법으로 앵무새를 만들어 보자!

놀이 연령
4세

아이가 좋아하는 인형을 그려 보자고 하면 너무 신이 나 할 거예요! 종이를 찢고 붙이는 것도 재미 있지요. 그림을 잘 못 그려도 괜찮아요. 종이 찢어 붙이는 기법이 포인트니까요! 그림을 그리다 보면 어느새 집중력도 커진답니다! 손가락을 많이 써야 하는 기법이라 두뇌 발달에도 좋습니다!

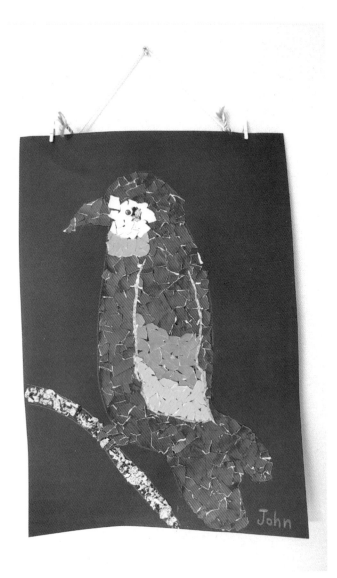

이런 점이 좋아요

찢고 붙이기 놀이를 하며 자연스럽게 모자이크 기법을 알 수 있어요.

준비물

검은색 도화지, 색종이, 목공풀, 색연필, 무빙 아이, 인형(사진), 메추리알 껍데기(생략 가능), 색깔 테이프(생략 가능)

1 검은색 도화지에 색연필로 인형이나 사진을 보며 스케치를 하세요.

2 목공풀을 쭉 길게 발라요.

3 색종이를 자유롭게 찢어 보세요.

4 인형을 보면서 맞는 자리에 찢은 종이를 붙여 보세요.

5 메추리알 껍질로는 나뭇가지를 표현해 주세요.

tip :) 메추리알 껍질을 씻어 바짝 말려 주세요. 물기가 있으면 잘 붙지 않아요.

6 색깔 테이프가 있으면 얇게 잘라 날개를 표현해 줘도 좋아요.

7 눈알도 붙여 보세요. 어때요? 비슷한가요?

8 끈이 있으면 종이 뒤에 붙인 뒤 벽에 걸 수도 있어요.

18 밑에서 끼우고 위에서 끼우고

놀이 연령
5세+

종이를 넣고 빼면서 물고기를 표현해 보자!

직조기법은 세로의 날실과 가로의 씨실을 교차하며 엮어서 하나의 형태로 완성해 나가는 기법을 말해요. 원하는 그림을 그린 뒤 가로와 세로로 길게 자른 후 바구니를 엮듯이 종이를 엮어 보세요. 차례차례 하나씩 천천히 해나가면서 끈기와 성취감을 키울 수 있어요. 연령이 어릴 경우에는 끈의 개수는 줄이고 크기는 키워서 쉽게 연습해 봐도 좋아요.

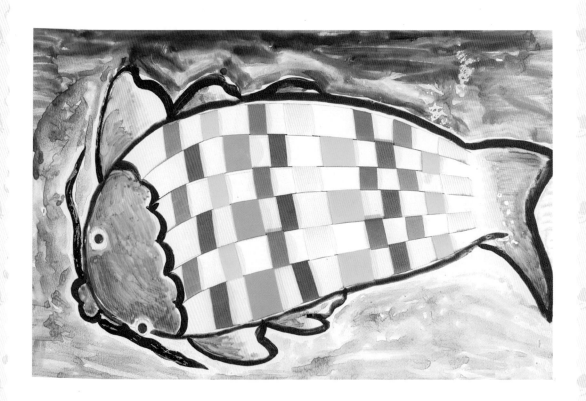

 이런 점이 좋아요

직조기법을 체험해 보면서 소근육을 정교하게 발달시킬 수 있어요.

준비물

연필, 도화지,
eva지(색 마분지),
물감, 붓, 무빙 아이

1 물고기를 그리고 가로선을 여러 개 그려 주세요.

2 가로선에 칼집을 내어 주세요.

tip :) 칼은 위험하니 엄마가 해 주시면 좋아요!

위로 한번 넣고 아래로 한번 넣기!

3 길게 자른 색 마분지를 교차로 하나씩 끼워 주세요.

수염을 길게 그리니까 메기 물고기가 되었네!

4 물고기 눈을 붙여 준 뒤 수염 등을 그려 주세요.

5 검은색으로 물고기 테두리를 그려 주세요.

tip :) 튀어나온 마분지는 칼집을 내어 넣어 주면 됩니다!

헤엄치는 메기 물고기 완성!

6 물감으로 물고기 얼굴과 지느러미를 칠하고 배경도 물감으로 칠해 보세요.

놀이 플러스

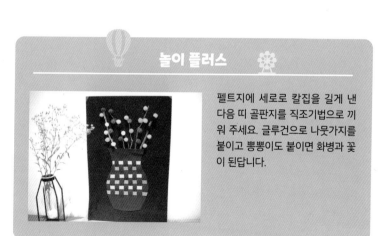

펠트지에 세로로 칼집을 길게 낸 다음 띠 골판지를 직조기법으로 끼워 주세요. 글루건으로 나뭇가지를 붙이고 뽕뽕이도 붙이면 화병과 꽃이 된답니다.

19 달걀 껍데기를 부셔 부셔~

놀이 연령
4세

똑똑 부러뜨려 꾹꾹 붙여보자.

요리를 하다 보면 달걀 껍데기가 많이 나오지요. 색소나 물감 물에 하루 담궈 두면 예쁜 색깔로 염색이 된답니다. 햇볕에 말린 후 그림 표현 재료로 써 보세요. 아이들은 새로운 재료에 대한 호기심으로 눈이 커질 거예요! 딱딱한 껍질을 만지고 부셔 보며 색다른 질감을 경험해 보는 좋은 시간이 될 거예요. 휴지로 꽃을 표현한 뒤 물감으로 물들이는 것도 재미있답니다.

이런 점이 좋아요

껍데기를 부수는 작업으로 손과 눈의 협응력이 좋아져요. 재료로 작품을 만들면서 창의력, 인내력, 집중력도 높아진답니다!

준비물

목공풀, 휴지, 달걀 껍데기, 도화지, 연필, 약통, 물감, 면봉, 파스텔(크레파스)

1 흰 도화지에 연필로 화병을 그려요.

2 목공풀을 짜고 부신 달걀 껍데기를 하나씩 붙여 보세요.

tip :) 목공풀을 넓게 칠할 때 면봉을 이용하면 편리해요.

3 다양한 색깔의 껍질을 자유자재로 선택해서 붙여 보세요.

4 휴지 한 장을 꼬아 주세요.

휴지에 물이 드니까 예쁜 꽃이 되네!

5 목공풀을 둥글게 짠 뒤 그 위에 휴지를 붙여 꽃을 표현해 보세요. 그리고 물감을 짜서 색을 칠해 보세요.

6 꽃잎도 만들어서 색깔 물통을 이용해서 물도 들여 보세요.

tip :) 꽃잎은 휴지를 꼰 뒤 밑부분을 손으로 넓혀 잎 모양으로 만들면 돼요!

7 배경을 파스텔로 칠한 뒤 휴지로 살살 문질러요.

tip :) 휴지로 문지르면 파스텔이 부드러운 느낌으로 변해요.

8 면봉을 부러뜨려 꽃줄기로 표현해 주면 완성!

놀이 플러스

달걀 껍데기를 다루기 힘들어하는 어린아이라면 우드락으로 그림을 표현 보는 것도 재미있어요!

 # 칠하고 긁어

놀이 연령
4세

그라타주 기법으로 알록달록한 집 앞 정원을 그려 보자!

조형의 기본 요소인 선과 면을 나누어 색칠을 하다 보면 집중력이 커져요. 그림을 그린 후 색깔이
알록달록 표현되는 것을 보며 그냥 그린 그림과 어떻게 다른지 이야기를 나눠 보세요. 볼펜으로 그
린 그림 뒷면이 알록달록 색이 입혀진 그림으로 변하는 것을 관찰하며 마술 같다고 신기해할 거예
요! 그라타주 긁기 기법을 재미있게 배워 보세요.

 이런 점이 좋아요

긁어내는 과정에서 손가락에 힘이
들어가 소근육이 발달 돼요. 끝까지
완성을 하고 나면 자신감과 성취감이
커진답니다.

준비물

스케치북, 아크릴
물감(검은색), 볼펜,
붓, 쇠젓가락

1 스케치북에 6×4 칸을 나눠 주
세요.

2 여러 가지 크레파스 색을 사용
해서 칸을 칠해 주세요.

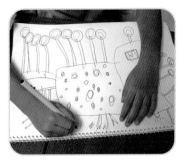

3 색칠을 다 한 종이 위에 앞장
의 종이를 덮은 후 원하는 그
림을 자유롭게 그려 보세요.

4 흰 종이를 뒤집어 보면, 짠! 볼
펜 그림이 알록달록 나타났지
요!

5 알록달록하게 색칠한 면 위에
검은색 아크릴 물감으로 꼼꼼
하게 칠해 주세요.

6 쇠젓가락을 이용해서 그림을
그려 보세요. 검은 바탕에 알
록달록 그림이 나타났어요!

놀이 플러스

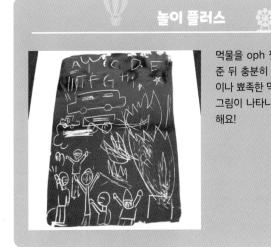

먹물을 oph 필름 위에 검게 칠해
준 뒤 충분히 말려 주세요. 젓가락
이나 뾰족한 막대로 긁어내면 흑백
그림이 나타나서 아이들이 신기해
해요!

21 물감 뿌려, 물감 던져!

마음껏 물감을 뿌리며 액션 페인팅을 해 보자!

놀이 연령
4세+

미국 추상표현주의 대표 작가 잭슨 폴록의 액션 페인팅 기법을 해볼 거예요. 물감이 잔뜩 묻은 붓을 캔버스에 마음껏 뿌리며 그리는 거라 아이들이 정말 좋아할 만한 기법이죠! 치우는 게 걱정이라면 욕실에서 수채화 물감으로 하면 뒤처리는 문제없어요. 여름에 물총 놀이하듯이 물감 약통에 물감을 쭉쭉 마음껏 뿌려도 근사한 액션 페인팅이 된답니다!

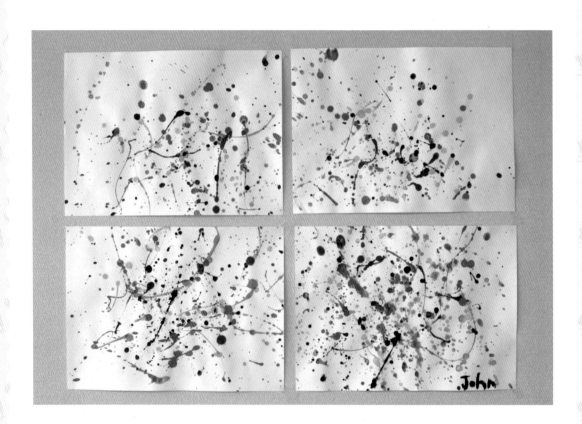

이런 점이 좋아요

정형화되지 않은 틀에서 새로운
형식의 미술 놀이를 하다 보면
창의력이 쑤욱 커져요!

준비물

도화지, 물감, 붓, 약통,
물, 큰 전지(바닥에 깔
것), 종이컵

1 바닥에 전지를 여러 장 깔아 놓고, 종이컵에는 물과 물감을 짜고, 붓을 하나씩 넣어서 준비하세요.

2 종이컵 물감 양이 조금 뻑뻑할 때에는 약통에 넣어둔 물로 농도를 맞춰 주세요.

tip :) 농도는 물이 또르르 떨어지면 ok!

3 붓에 물감을 묻힌 후 자유롭게 뿌려 보세요.

4 다른 색의 물감도 넓게 뿌리면 점점 작품이 돼요!

5 망치는 게 없는 그림이니 하고 싶은 대로 마음껏 뿌려 보세요!

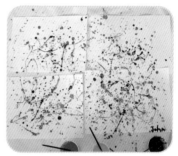

6 완성한 그림에 이름을 써서 벽에 붙여 보세요.

tip :) 자기가 만든 작품에 이름을 쓰고 집에 붙여두면 자신감이 커져요!

놀이 플러스

욕실 벽에 캔버스를 세워 두고 주사기에 물감을 넣어 쏘아 보세요. 재미있는 그림이 나와서 아이들이 엄청 즐거워해요!

22 글리고, 찍고, 내 마음대로!

달걀로 만든 천연물감으로 신나게 놀아 보자!

벽에 마음껏 그림을 그리고 싶은 욕구를 풀 만한 곳은 바로 욕실이에요! 물감이 없던 시절에는 달걀노른자로 물감을 만들어 썼다고 해요. 달걀로 천연물감을 만들어 칫솔, 풍선, 자동차 바퀴 등으로 벽에 그림을 그리며 자유롭게 미술 놀이하는 시간을 가져 보세요. 손바닥에 물감을 잔뜩 묻혀도 천연물감이라 안심이에요!

 이런 점이 좋아요

요리용 가루로 물감을 만들 수 있다는 것을 체험할 수 있어요!

준비물

스케치북, 자동차 장난감, 풍선, 종이, 칫솔, 뚜껑, 색깔이 있는 요리용 가루(단호박, 코코아, 녹차, 검은깨, 자색고구마, 황치즈가루), 달걀, 숟가락, 머핀 틀(플라스틱 통)

1 달걀노른자를 숟가락으로 풀어 통에 담은 후 요리용 가루를 넣고 섞어 색을 내어 보세요.

tip :) 가루를 더 넣으면 진해져요!

종이, 풍선, 바퀴로도 그림을 그릴 수 있네?

2 달걀 천연 물감에 자동차 바퀴, 종이, 풍선을 찍어 욕실 벽면에 자유롭게 그려 보세요.

큰 원을 그리자! 해님처럼 크게!

3 다 쓴 칫솔에 물감을 묻혀 그림을 그려 보세요.

4 칫솔로 손에도 물감을 잔뜩 묻혀 보세요.

5 스케치북에 손바닥을 꾹 찍어 보세요.

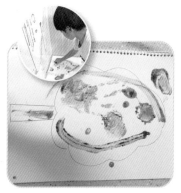

6 벽에도 손바닥을 찍고, 병뚜껑도 물감을 찍으면 원이 만들어져요! 스케치북에도 병뚜껑으로 찍어 보세요.

놀이 플러스

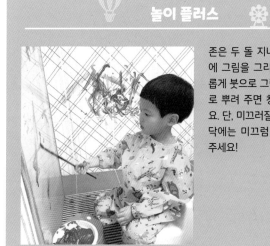

존은 두 돌 지나면서 욕실 유리문에 그림을 그리며 놀았어요. 자유롭게 붓으로 그림을 그리고 샤워기로 뿌려 주면 청소가 어렵지 않아요. 단, 미끄러질 수 있으니 욕실 바닥에는 미끄럼 방지 매트를 깔아 주세요!

23 알록달록 무늬 그리기

놀이 연령
6세

면을 나눠서 모양을 10개씩 그려 보자!

여러 가지 모양의 패턴을 낙서처럼 그리는 기법을 젠탱글이라고 해요. 기본적으로는 흰 바탕에 검은 선으로 하지만 아이들은 알록달록하게 하면 더 좋아하지요. 사인펜이나 색 볼펜 등 여러 재료를 사용해 보세요. 형형색색의 컬러와 재미있는 무늬를 반복하면 산만한 아이들은 앉아 있는 습관을 기를 수 있는 힘도 생긴답니다!

 이런 점이 좋아요

여러 가지 무늬를 그려 보면 형태에 관한 지적 능력이 높아져요. 집중력과 관찰력도 커지지요!

준비물

도화지, 사인펜,
색 볼펜,
마커펜(생략 가능)

1 종이에 거미줄을 그리고 칸마다 다른 무늬를 채워 보세요.

2 나머지 칸에도 새로운 모양을 채워 보세요. 같은 무늬여도 색깔이 다르면 다른 무늬 같아 보이지요!

3 그린 무늬를 살펴보면서 다른 무늬도 채워보세요.

tip :) 아이들의 관찰력이 커지는 활동이랍니다!

4 알록달록 거미줄 완성!

5 형은 파란색 볼펜으로 돌고래를 그렸어요.

6 다양한 무늬로 돌고래를 채워 주세요.

tip :) 집중력이 커져요!

7 멋진 돌고래 그림이 완성!

tip :) 여러 색으로 무늬를 채운 것과 단색으로 채운 것을 비교해 보세요!

놀이 플러스

종이에 아이 손과 엄마 손을 대고 그림을 그려 주세요. 손이 겹치게 그리면 더 재미있어요. 그리고 무늬를 그려 보세요. 감상하는 것이 더 재밌는 그림이 될 거예요.

24 울퉁불퉁 그림 놀이

글루건으로 그림을 그려 보자!

그래피티 아트라고 불리는 벽화 그림을 본 적 있나요? 낙서에 지나지 않던 것을 하나의 예술로 만든 낙서 천재 존 버거맨과 키스해링의 벽 그림도 찾아보고 이야기를 나눠 보세요. 락카는 누르는 힘이 필요하니 아직 손에 힘이 없는 아이들은 부모가 도와줘도 괜찮아요. 글루건을 이용해서 그림을 그리면 입체를 표현할 수 있으니 재미있는 경험을 해 보세요!

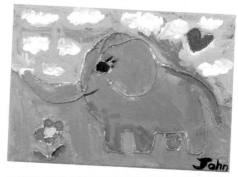
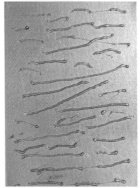

이런 점이 좋아요

형식이 없는 자유로운 작업을 하면서
창의력이 커질 거예요.

준비물

색연필, 캔버스, 글루건,
락카 스프레이(아크릴
물감), 팔레트, 물통, 붓

1 캔버스 위에 색연필로 자유롭게 선을 그려 보세요.

tip :) 캔버스가 없다면 낮은 박스 위에 종이를 붙이고 써도 괜찮아요.

2 다른 캔버스에는 또 다른 새로운 그림을 그려 보세요.

3 색연필 그림을 따라 글루건을 쏴 주세요.

tip :) 글루건은 화상의 위험이 있으니 주의사항을 충분히 숙지하고 시작하세요.

4 글루건이 굳으면 그림을 들고 야외로 나가요.

5 바닥에 큰 비닐이나 전지를 깔고 그림 위에 락카 스프레이를 뿌려 주세요.

tip :) 마스크를 끼고 뿌리면 좋아요.

6 햇볕에 충분히 말리면 그림이 완성!

놀이 플러스

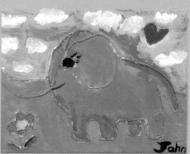

캔버스 위에 글루건으로 그림을 그려 주세요. 마르면 아크릴 물감을 꼼꼼히 칠해 주세요. 입체감 있는 그림을 쉽게 완성할 수 있답니다! 붓으로 물감을 칠할 때에는 울퉁불퉁해서 종이에 칠할 때와는 느낌이 색달라요! 아이가 좋아하는 동물을 글루건으로 그린 뒤 아크릴 물감으로 색칠하고, 이름도 적어 보세요. 30분 만에 근사한 작품이 완성돼요.

25 알코올 기법

놀이 연령
5세+

물감에 알코올을 떨어뜨려 변하는 모습을 살펴보자!

수채화 물감에 알코올을 한 방울씩 떨어뜨려 보세요. 알코올이 휘발되면서 물감이 하얗게 변하는 과정을 볼 수 있어요. 친구와 함께 이야기를 나누며 쉽고 재미있고 예쁜 작품을 만들어 보세요. 물감을 바를 때에는 붓에 물을 충분히 묻혀야 효과가 잘 나타나요! 재미있는 알코올 기법을 확인해 보세요!

 이런 점이 좋아요

알코올의 특성을 재미있게
경험을 할 수 있어요!

준비물

도화지, 수채화
물감, 물, 붓, 종이컵,
면봉, 팔레트, 약통
알코올

1 붓에 물을 충분히 묻힌 뒤 도화지에 발라 주세요.

tip :) 엄마는 알코올을 넣은 약통과 종이컵을 준비해 주세요.

난 노란색으로 칠할래!

난 파란색이 좋아!

2 수채화 물감에 물을 묻혀 자유롭게 색칠해 보세요.

3 종이컵에 담긴 알코올에 면봉을 담근 뒤 도화지에 콕콕 찍어 주세요.

4 물감이 마르기 전에 알코올이 담긴 약통을 물감 위에 떨어뜨려 보세요.

5 알코올이 묻으며 물감이 퍼져나가는 것을 볼 수 있어요!

6 친구가 한 것과 내가 한 것을 비교하며 알코올의 특성에 대해 이야기 나눠도 좋아요.

놀이 플러스

락스를 물에 희석한 후 면봉에 묻혀 습자지에 그림을 그려 보세요. 탈색되어 그림이 나타나는 것을 볼 수 있어요. 검은색 도화지에 크레파스로 그림을 그린 뒤 테두리에 락스를 묻히면 금색 테두리같이 보여서 더 멋진 그림이 됩니다! 탈색된 곳에 여러 번 락스 물을 묻히면 더 선명한 색으로 변한답니다. 락스는 냄새가 심하니 창문을 열어 두고 하면 좋겠지요? 아이들이 절대 먹지 않도록 잘 이야기하고 진행해 보세요! 신기하고 재미있는 놀이랍니다!

Part

03

미적 감각과 표현력이 발달하는
그리기 놀이

자기주도적 사고가 중요해진 요즘, 마음껏 상상하고 원하는 색을 골라 채색하며 새로운 작품을 탄생시켜 보세요. 독창적인 사고력을 키울 수 있어요. 신나게 놀며 자유롭게 그리다 보면 어느새 생각과 표현력이 훌쩍 커 있을 거예요!

01 오징어가 비끌비끌

오징어를 만져 보고 동양화 느낌으로 그림을 그려 보자!

책이나 TV에서 보던 오징어! 직접 눈 앞에서 생물 오징어를 보고, 만지면 아이들은 무척 신나 한답니다. 소금으로 씻어 보며 빨판도 직접 만져 보세요. 몸통과 다리는 어떻게 생겼고 촉감은 어떤지 자세히 관찰해 보세요. 그 후 오징어를 동양화 느낌이 나도록 검은색 물감으로 칠한 뒤 색깔을 넣어 보는 거예요. 즐거운 시간은 물론이고 탐구력을 키울 수 있답니다!

 이런 점이 좋아요

생물을 눈앞에서 보면서 그리기 때문에 적극적으로 참여할 수 있고 관찰력이 커져요.

준비물

수채화 물감, 물통, 붓, 도화지, 오징어, 굵은 소금

오징어야, 깨끗이 씻어 줄게!

아! 이 빨판으로 찰싹 붙는 거구나!

다리 사이에 입이 있다니 정말 신기해!

1 까끌까끌 굵은 소금으로 오징어를 씻으며 관찰해 보세요.

2 오징어 다리가 몇 개인지 세어 보고 빨판은 어떻게 생겼는지 관찰해 보세요.

3 오징어 몸통을 관찰하며 오징어 입이 다리 사이에 있는 것을 확인해 보세요.

tip :) 오징어는 물고기, 새우 등을 먹어요.

4 검은색 물감 등으로 오징어를 그려 보세요.

5 붓에 물감을 묻혀 생물 오징어에서 보이는 빛깔을 색칠해 보세요.

6 오징어에서 나는 빛깔을 초록색, 파란색, 분홍색 등을 섞어 보며 자유롭게 색칠해 보세요.

동글동글 빨판을 그리자!

7 존은 오징어 다리에 빨판을 그린 후 마무리로 검은색 물감을 이용해서 툭툭 선을 그어 주었어요.

놀이 플러스

검은색 물감이나 먹물로 바탕을 칠한 뒤 마르기 전에 굵은 소금을 뿌려 보세요. 물기가 다 마른 뒤 소금을 털어내면 은하수 같은 그림이 완성됩니다.

O2 탱클탱클 낙지 오감 놀이

낙지를 만져 보고 그린 후 맛보자!

낙지 책을 읽어보고 낙지에 대한 정보를 알아 두세요. 그리고 생물 낙지를 직접 씻으면 호기심이 증폭됩니다. 낙지 다리 개수를 세어보고 낙지 다리에 빨판도 유심히 관찰해 보세요. 낙지의 촉감도 느끼고 빨판도 직접 만져 보고 그림을 그리면 기억에 오래 남겠지요. 타우린이 풍부해 건강에도 좋은 낙지로 요리까지 해 먹으면 오감이 모두 충족될 거예요!

이런 점이 좋아요

낙지를 체험하며 오감을 자극할 수 있어요.

준비물

낙지, 사인펜, 스케치북, 접시, 플라스틱 칼

1 낙지를 체험하며 오감을 자극할 수 있어요.

2 낙지의 몸을 만져 보고 다리 개수가 몇 개인지 세어보세요.

tip :) 궁금한 것들을 자세히 관찰해 보는 거예요.

질겨서 잘리지 않네~

3 플라스틱 칼을 이용해서 탐색해 보세요.

4 낙지를 보면서 사인펜으로 그림을 그려 보세요.

5 존이 낙지 다리도 열심히 그리고 있네요.

6 진짜 낙지를 관찰한 후 그림을 그려 보니 더 실감나지요?

놀이 플러스

색종이를 반 접은 후 한 장은 다리를 올린 낙지를, 다른 한 장은 다리를 내린 낙지를 여러 장 그려 주세요. 동그란 머리 부분을 풀로 붙이고 눈코입을 그려 주세요. 다리 부분도 꾸며주면 더 좋지요. 귀여운 색종이 낙지 완성!

 # 03 쌀 튀밥을 부어 부어

쌀 튀밥을 물엿으로 붙이고 그림을 그려 보자!

쌀 튀밥으로 그림을 그려 봐요. 준은 엄마 배 속에 있을 때의 경험을 그림으로 그리고 싶다고 해서 태아를 표현해 보았어요. 아이가 웅크리고 측면으로 누워 있으면 엄마가 크레파스로 아이 테두리 형태를 그려 주면 돼요. 물엿을 풀처럼 바르고 튀밥을 붙이는데 달콤한 물엿과 맛있는 튀밥을 먹느라 더 신이 났던 놀이였답니다.

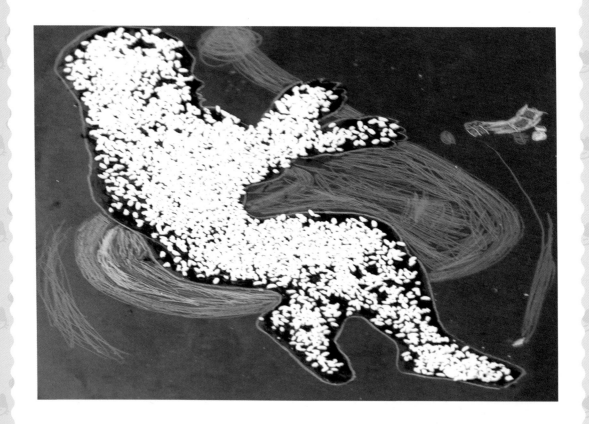

 이런 점이 좋아요

오감이 자극되고 성취감과 만족을 준답니다!

준비물

쌀 튀밥, 물엿, 큰 전지, 크레파스, 조리용 붓, 그릇

1 아이를 뉘어놓고 크레파스로 옆모습을 그려 주세요.

2 조리용 붓을 사용해서 전지 위에 물엿을 발라 주세요.

3 물엿의 맛이 궁금하면 먹어봐도 좋아요!

4 붓으로 물엿을 바른 곳에 튀밥을 올려 주세요.

5 면적이 넓어서 힘들다면 그릇 통째로 튀밥을 부어 주어도 괜찮아요.

6 상상력을 발휘해서 탯줄도 그려 보세요.

7 배 속의 태아를 보호해 주는 양수와 배 속 모습도 그려 주었어요.

놀이 플러스

튀밥이 남았다면 검은 도화지에 물풀로 원하는 그림을 그린 뒤 튀밥을 올려 보세요. 크레파스로 스케치를 한 것과는 또 다른 느낌으로 그림을 그릴 수 있을 거예요! 존은 잠자리를 표현했어요.

04 명화 따라 그려 보기

피카소와 로제의 그림을 따라 그려 보자!

놀이 연령
4세

파블로 피카소는 평면에서 입체의 여러 면을 한 번에 나타내는 새로운 장르를 개척한 천재 화가예요. 입체주의에 영향을 받은 레제는 색채가 풍부한 형태를 많이 그린 화가이고요. 피카소 그림의 특징인 옆모습에 달린 눈이 정면처럼 보이는 것에 아이들은 아주 재미있어 한답니다. 천재 화가의 그림을 따라 하면 아이들의 상상력이 자극돼요!

이런 점이 좋아요

다른 화가의 작품을 보면서
심미감을 갖습니다.

준비물

크레파스, 여러 종류 종이, 가위,
풀, 일회용 접시, 물감, 스펀지 롤러,
사인펜

1 피카소가 그린 그림처럼 사람 얼굴을 그려 보세요.

tip :) 피카소 그림을 먼저 보여줘도 좋아요!

이런 그림은 처음이야!

2 얼굴을 네 등분한 뒤 각기 다른 색을 이용해서 칠해 주세요.

옆모습과 앞모습이 같이 있어서 재밌어!

3 다양한 느낌의 종이를 각기 잘라 붙인 뒤 귀와 눈을 그려 주세요.

피카소 그림이 정말 멋지다!

4 한 종이에 앞모습과 옆모습이 다 보이는 재밌는 그림이 완성!

5 일회용 접시에 물감을 짠 뒤 스펀지 롤러에 듬뿍 묻혀서 긴 무늬를 그려 주세요.

6 여러 색을 이용해서 직선과 곡선 무늬를 그려 주세요.

tip :) 여러 가지 색을 이용하면서 색상의 다양함을 알 수 있어요!

7 물감이 마르면 검정색 펜으로 로제의 그림을 따라 그려 주세요!

tip :) 셀로판지를 길게 잘라 붙인 뒤 ohp 필름에 그려서 겹쳐보면 더 재미있어요!

놀이 플러스

신선식품을 배송받으며 은박비닐에 포장되어 오는 경우가 많아요. 그냥 버리지 말고 매직으로 피카소의 그림을 따라 그려 보세요. 다른 질감의 도화지에 그림을 그리며 다양하게 재료를 활용하는 방법을 배울 수 있답니다!

05 손바닥 찍어 그림을 만들자

놀이 연령
3세

알로에 수딩젤로 촉촉한 물감을 만들어 놀이해 보자!

알로에 수딩젤이 많이 남아서 '색소를 넣어 물감을 만들면 어떨까?'라는 생각이 들었어요. 알로에 수딩젤은 원래 몸에 바르는 것이기 때문에 물감보다 느낌이 더 촉촉하고 좋더군요. 단 식용 색소는 몸에 바르면 색깔이 변하기 때문에 핸드 페인팅을 한 후에는 바로 씻어 내는 게 좋아요. 욕실에서 재미있는 촉감을 느끼면 아이들의 탄성이 절로 나올 거예요!

 이런 점이 좋아요

창의적인 표현의 즐거움을 느낄 수 있어요.

준비물

알로에 수딩젤,
색소(물감), 면봉,
도화지, 머핀 틀(종이컵)

촉촉하고 시원한 촉감이네!

1 머핀 틀에 수딩젤을 적당량 짜 주세요.

2 색소를 한 방울씩 넣은 후 면 봉으로 저어 색을 만들어 주세 요.

3 종이에 면봉으로 테스트를 해 보면 색이 잘 나오는 것을 알 수 있죠?

4 원하는 그림을 그려 보세요.

5 손가락을 이용해 장미 모양도 그려 보세요. 멋지지요?

나비를 그려 볼까? 애벌레랑 꽃도 그리자!

6 손에 발라 손바닥 도장을 찍은 뒤 붓을 이용해 연상 그림을 그려 보세요.

🎈 **놀이 플러스** 🎡

트레이에 쓰지 않는 수딩젤(에센스)을 넣어 주세요. 좋아하는 피규어를 가지 고 젤을 묻혀 촉감을 느끼며 역할 놀이 를 하는 시간을 가져 보세요. 젤 안에 반짝이 가루를 뿌려도 재밌어요! 물감에 로션이나 젤을 섞어 비닐에 넣 고 테이프로 단단히 봉한 다음 위에 대 고 그림을 그리면 물감 칠판이 돼서 장 난감처럼 갖고 놀기 좋아요!

 **얼음 물감 놀이**

놀이 연령
3세

알록달록 얼음으로 그림을 그리고 글자를 지워보자!

물감과 물을 넣어 얼린 것과 종이만 있으면 되는 얼음 물감 놀이를 해 보세요. 얼음이 녹으면서 사인펜으로 적은 글자가 지워지는 것을 관찰해 보세요. 손바닥도 그려서 지워 보고, 아이가 쓴 글자나 그린 그림을 지워 보면 아이들은 마술 같다며 굉장히 신기해 한답니다. 연령이 낮은 아이들에게 오감을 충분히 자극시키는 놀이입니다.

이런 점이 좋아요

새로운 재료로 상상력을 키우며 얼음 물감의 특징을 느낄 수 있습니다.

준비물

아이스크림 틀(종이컵),
아이스크림 막대기,
색소(물감), 스케치북,
사인펜, 놀이 트레이, 물

1 아이스크림 틀(종이컵)에 물과 색소 한 방울을 넣어 저어준 뒤 막대기를 넣어 냉동실에서 하루 동안 얼려요.

앗, 차가워!

2 얼음을 만져 보며 촉감을 느껴 보세요.

무지개를 그려야지~

3 얼음 물감을 꺼내서 원하는 색깔로 그리고 싶은 것을 자유롭게 그려 보세요.

사다리 소방차를 그려 볼까?

4 이번에는 다른 그림도 그려 보세요!

tip :) '빨간+파랑=보라'의 색의 혼합도를 알 수 있어요!

5 사인펜으로 글씨도 적어 보세요.

와! 얼음 물감은 사인펜 글씨를 잘 지우잖아?

6 얼음 물감으로 문질러 보세요. 글씨가 사라지죠?

7 사인펜을 이용해서 손 모양을 그리고 바이러스를 그려 보세요.

8 얼음으로 문지르며 바이러스를 없애 보세요!

tip :) 얼음이 녹으면서 물이 생겨 수성 사인펜 글씨가 지워지는 원리를 알려주세요.

07 자연물 그림

돌멩이를 이용해 색을 채워보자!

놀이 연령
4세

요즘 아이들도 자연 속에서 노는 것을 정말 좋아해요. 돌멩이 줍기 놀이를 하면 승부욕이 생겨서 신나게 한답니다. 주운 돌멩이를 연못에 던져보기도 하고 남은 것은 집에 가지고 오세요. 미술 놀이를 할 수 있답니다! 자신이 주워온 자연물로 놀이를 하는 것이기 때문에 더 적극적으로 참여할 거예요. 손의 촉감을 높이고 아이들 정서에도 정말 좋겠죠!

이런 점이 좋아요

자연물을 활용하는 능력을 기르고
새로운 재료로 놀이하면서 정서적
안정감을 느낄 수 있어요

준비물

돌멩이, 나뭇가지,
도화지, 사인펜(색연필),
만능 본드(양면테이프),
가위

1 집 밖에서 돌멩이와 나뭇가지를 주워요!

tip :) 도화지에 붙일 거니까 작은 것들이 좋겠지요.

2 도화지에 좋아하는 것을 그려 주세요.

3 도화지에 만능 본드나 양면테이프를 이용해 위에 돌멩이를 하나씩 올려 그림을 채워 주세요.

4 남는 공간에 맞는 돌멩이를 찾아서 채워 주세요.

tip :) 아이들의 집중력이 커집니다!

5 중간중간 빈 공간은 사인펜을 이용해서 그림을 그려 주세요.

6 잘 안 붙은 부분은 본드를 더 뿌리고 두 손으로 꾹 눌러 주세요.

tip :) 무거운 돌을 글루건을 이용하면 더 잘 붙어요!

7 나뭇가지를 잘라 해님과 꽃을 만들어 주세요.

8 자유롭게 붙여주면 도화지에 자연이 완성!

08 몬드리안이 표현한 질서와 균형의 조화

놀이 연령
4세

수세미에 선을 그리고 몬드리안 느낌으로 표현해 보자!

우리 주위에 있는 재료를 이용해서 그림을 그려 보세요. 아이들이 정말 신기해 한답니다. 이번에는 명화 느낌으로 그려 볼까요? 직선과 직각을 사용한 네덜란드 화가 몬드리안은 붓으로 그렸지만 우리는 새로운 재료를 이용해 그려 보는 거예요. 빨강, 파랑, 노랑을 사용해 단순한 아름다움을 강조하여 질서와 균형의 아름다움을 표현한 몬드리안. 알록달록 원하는 색깔을 모두 써 보세요!

 이런 점이 좋아요

붓이 아닌 수세미로 그리는 과정을 통해 창조적 발상을 경험할 수 있어요.

준비물

수세미, 파스텔, 도화지,
아크릴 물감(검은색),
팔레트, 가위

1 수세미를 적당한 크기로 자른 뒤, 팔레트에 짠 검은색 물감을 수세미에 묻혀서 직선을 그려 보세요.

2 적당히 칸을 띄워가며 가로선 여러 개, 세로선 여러 개를 그려 보세요.

3 파스텔을 이용해서 칸에 알록달록 색을 채워 보세요.

4 손가락으로 문질러서 파스텔 색을 연하게 해 보세요.

5 파스텔 채색 위에 수세미로도 문질러 보세요.

6 완성! 수세미로 그린 선의 느낌이 정말 멋지지요?

놀이 플러스

그리고 싶은 것을 그리고 칸을 나눈 뒤 매직을 이용해서 색칠을 해 주세요. 어린아이들도 설명을 들으면 잘 해낸답니다! 존은 고양이를 그렸어요! 독특한 느낌이 나서 더 재미있게 했답니다.

물감을 칠한 뒤 검은색 전기 테이프로 칸을 나눠 주면 몬드리안 작품이 완성돼요!

09 까끌까끌 사포 그림

<별이 빛나는 밤에>를 그려 보자!

놀이 연령
4세

사포를 만져 보고 질감과 색깔에 대한 이야기를 나눠 보세요. "까칠까칠한 사포에 그림을 그리면 어떻게 될까?"라고 물어보면 아이들은 호기심을 갖게 된답니다. 크레파스로 사포에 그림을 그리는 것은 종이에 그리는 것과 다른 느낌을 알게 돼요. 사포 위에 그림을 그리며 느낌을 충분히 느껴 보세요. 가루가 많이 생기니 신문지 등을 깔고 하면 더 편하답니다!

 이런 점이 좋아요

명화를 따라 그려 보며 사포가
나타내는 그림 효과를 알 수
있어요.

준비물

종이 사포(180방), 크레파스

1 고흐의 〈별이 빛나는 밤에〉를 감상해 보세요.

tip :) 엄마가 빈센트 반 고흐에 대해서 말해 주시면 이해도가 올라갈 거예요!

2 사포를 만져 본 뒤 고흐의 그림을 따라 그려 보세요.

3 색을 채워 보세요. 꼭 고흐 그림과 같은 색으로 하지 않아도 돼요.

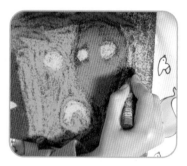

4 종이와 사포가 어떻게 질감이 다른지 이야기 나누며 색칠해 보세요.

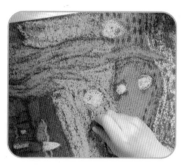

5 점을 이어서 마무리해 주세요.

6 사포 그림은 가루가 생기니 비닐로 코팅하거나 액자에 넣어 보관하면 오래 간직할 수 있어요.

놀이 플러스

사포에 빈센트 반 고흐의 〈해바라기〉 그림을 그려 보세요. 완성한 그림 위에 천을 올린 뒤 다림질을 하면 천에 그림이 나타나요!

포장지에 그림을

놀이 연령
3세

미끌미끌한 은박포장지에 매직으로 그림을 그려 보자!

신선식품 등을 배송받으면 은박포장지가 함께 오지요. 거기에 그림을 그려 보세요. 생활 속 재료를 응용하는 것은 창의력 발달에 도움을 준답니다. 매직으로 은박포장지에 그림을 그리면 종이에 그리는 것보다 쉽게 잘 그려지고 반짝거리는 느낌이 신기하게 다가와요. 포장지에 그림을 그린다는 것 자체가 무척 흥미롭지요!

이런 점이 좋아요

새로운 재료를 사용하면 창의력이 쑥쑥 자라요! 종이 질감 차이도 배울 수 있지요.

준비물

은박포장지, 매직

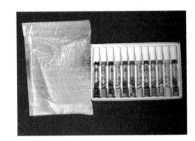

건물을
그릴 거야!

1 은박포장지를 놓고 매직으로
그림을 그려 보세요.

매끌매끌 느낌이
재밌어~

2 은박포장지에 창문을 그리고
질감을 느껴 보세요.

한 번 연습해보니
더 잘 그려지네!

3 두 번째 그림에는 여러 가지
색을 칠해서 그림을 그려 보세
요.

4 무지개와 자동차도 그리며 그
림을 완성해 보세요!

5 완성된 그림을 벽에 걸어 보세
요. 반짝이는 그림, 제법 괜찮
지요?

놀이 플러스

은박포장지에 보드 마커펜을 칠
한 뒤 물에 넣어 보세요. 그림만
쏙 떠올라서 무척 신기하답니다!
유성 성분인 마커펜은 물과 밀도
가 달라서 서로 섞이지 않기 때문
에 마커펜에 들어 있는 알코올 성
분이 증발하고 나면 그림이 물 위
로 떠오르는 것이랍니다!

11 무서운 핼러윈 과자 숲

나뭇가지와 과자로 핼러윈의 무서운 숲을 만들어 보자!

서양의 명절인 핼러윈 데이! 아이들에게 과자로 핼러윈 그림을 그리자고 해 보세요. 한껏 신난 표정을 짓고 더 정성을 쏟아 즐겁게 활동하는 모습을 볼 수 있어요! 아이들이 좋아하는 과자와 초콜릿 시럽으로 그림을 그린다는 자체가 더없이 신나는 시간이겠죠! 산책하면서 주위에 떨어진 나뭇가지를 모아서 활용해 보세요. 자연물을 이용한 놀이는 정서에도 좋답니다!

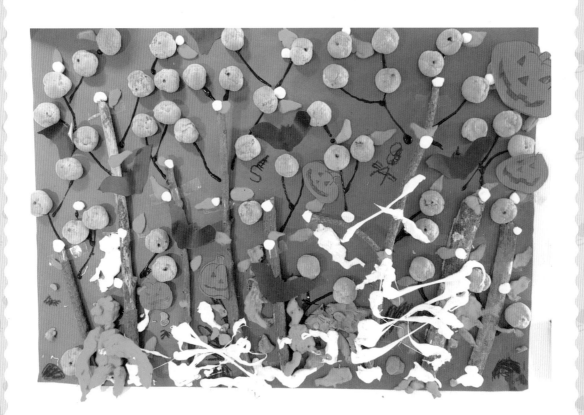

이런 점이 좋아요

아이들의 정서와 창의력 발달에 좋아요. 과자를 이용해서 하는 놀이는 집중력도 커진답니다!

준비물

도화지, 나뭇가지, 과자, 초코 시럽, 본드, 색종이, 가위, 테이프, 클레이

1 주워온 나뭇가지를 도화지에 느낌대로 배치해서 올려놓으세요.

2 나뭇가지를 테이프로 붙이고 과자는 본드를 이용해서 붙여 주세요.

tip :) 과자를 2~3초 정도 눌러주세요.

3 초코 시럽을 이용해서 나무의 잔가지를 표현해 보세요.

4 초록색 클레이를 이용해서 이파리를 표현해 보세요.

5 크레파스를 이용해서 유령도 그려 보세요.

이거는 무서운 고스트!

6 존은 흰색 클레이를 길게 늘어뜨려서 거미줄을 표현했어요.

숲에 있는 무서운 거미줄!

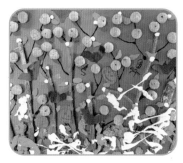

7 박쥐와 호박을 색종이에 그려서 오린 후 붙이고 크레파스로 나머지 배경을 더 그려주면 완성!

놀이 플러스

호박을 전자레인지에 살짝 돌린 후 칼로 속을 파내고 눈, 코, 입 모양도 내 주세요. 안쪽은 LED 램프를 넣어 주면 재미있는 핼러윈 느낌을 낼 수 있어요. 파낸 호박은 믹서기에 곱게 갈아 냄비에 끓이면 맛있는 호박죽이 되지요!
또, 검은색 도화지를 성 모양으로 오리고 색종이에 핼로윈 캐릭터를 그려서 오려 붙이면 완성!

12 느낌 있는 추상화

랩을 덮고 문질러서 추상화 그림을 만들어 보자!

추상화는 일반 그림처럼 대상을 재현하는 것이 아니라 비구상적이고 반사실주의적 경향의 미술방식이에요. 뚜렷한 형태도 없기 때문에 망치는 것도 없는 그림이라 아이들이 하기에 더 좋습니다. 물감을 짠 뒤 랩을 덮어 문질러 보세요. 아주 간단한 방법으로 작품을 완성할 수 있습니다. 좋아하는 색을 골라 작품을 완성하고 거실에 걸어 보세요. 아이들이 참 좋아해요!

 이런 점이 좋아요

물감을 문지르며 색깔이 변하는
과정을 볼 수 있어요.

준비물

아크릴 물감, 랩,
캔버스(도화지),
비닐(신문지)

1 캔버스 밑에 비닐을 깔고 캔버스에 좋아하는 물감을 마음껏 짜 주세요.

2 캔버스 위에 랩을 씌워요.

tip :) 랩이 캔버스보다 작으면 물감을 퍼뜨릴 수 없기에 캔버스보다 넓게 씌워 주세요!

3 캔버스에 흰색 면이 보이지 않도록 잘 문질러서 물감이 퍼지게 해 주세요.

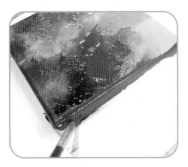

4 비닐을 벗긴 후 캔버스 옆면은 붓으로 꼼꼼히 칠해 주세요.

5 물감을 충분히 말리면 완성!

tip :) 아크릴은 금방 마르지만 두툼하게 발랐을 때에는 속까지 마르도록 며칠 동안 말려 주는 게 좋아요!

놀이 플러스

아이들이 좋아하는 무지개색 순서대로 물감을 충분히 짠 뒤 마분지 박스 등 힘 있는 종이를 이용해 밑으로 한 번에 문지르면 물감이 펼쳐지면서 추상화 느낌의 배경이 되어요. 빈 곳도 좋아하는 색으로 자유롭게 칠해 보세요.

13 나무막대기에 쓰~윽

막대기에 그림을 그리고 색을 칠해 보자!

놀이 연령
4세

아이스크림 막대기에 색칠을 하고 벨크로를 이용해 그림을 붙이면 여러 가지 글자 모양을 만들 수 있어요. 아는 글자도 만들어 보고 그림도 그려 액자에 넣은 후 멋진 작품을 만들어 보세요. 종이가 아닌 아이스크림 막대기에 그림을 그리는 것은 창조적 발상력을 키워준답니다! 재미있게 글자를 만들어 보며 학습 능력도 쑥 키워 보세요!

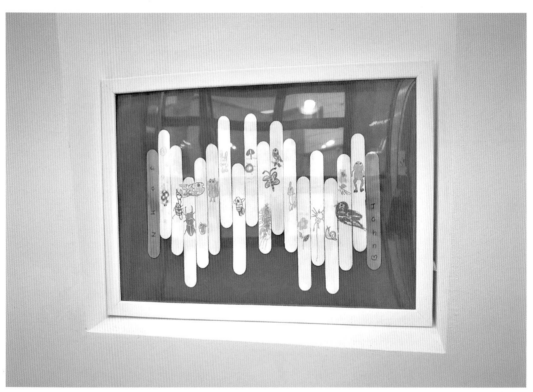

이런 점이 좋아요

평범한 아이스크림 막대기를 알록달록
예쁘게 만들고 자음과 모음을
재미있게 배울 수 있어요!

준비물

아이스크림 막대기,
마커펜, 아크릴
물감(흰색), 붓, 벨크로,
색 도화지, 글루건

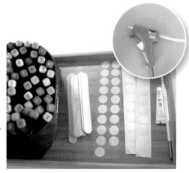

1 흰색 물감에 물을 섞은 뒤 붓으로 아이스크림 막대기에 칠해 보세요.

2 물감이 마르면 사인펜으로 여러 가지 동물을 그려 보세요.

tip :) 자연 관찰 책을 펼쳐 놓고 따라 그리면 묘사력을 키울 수 있어요!

3 글루건을 이용해서 푸른색 종이에 막대기를 하나씩 붙여 보세요.

tip :) 글루건은 엄마가 쏴 줘도 괜찮아요.

4 막대기를 다 붙이고 추가로 그림을 그려서 액자에 넣어 주면 완성!

5 다른 아이스크림 막대기에는 마커펜으로 색칠을 한 뒤 벨크로를 붙여 주세요.

6 막대기를 이용해서 글자를 만들어 보세요.

7 여러 가지 글씨를 써 보세요!

놀이 플러스

막대기로 여러 가지 모양을 만들어도 좋아요. 삼각형 모양을 만들고 그 사이에 십자 모양으로 막대기를 끼우면 비행기 모양이 돼요. 상상력을 발휘해서 여러 가지 모양을 만들면 재미있어요!

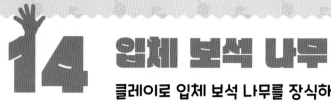

14 입체 보석 나무

클레이로 입체 보석 나무를 장식해 보자!

나무를 색연필로 그려 평면으로 표현해 보았지만 클레이를 붙여 입체적으로 표현하면 색다른 느낌에 아이들이 더 좋아한답니다. 거기에 반짝이는 스팡클 홀로그램을 하나씩 눌러 꽂으면 나무가 전체적으로 화려해져 멋진 작품이 된답니다. 클레이와 스팡클 재료를 탐색하고 만들어 가면서 아이들의 지적인 성장과 창의력이 훌쩍 커진답니다!

이런 점이 좋아요

손가락을 많이 움직이는 활동을 하면 두뇌 발달에 좋아요!

준비물

클레이, 매직, 도화지, 스팡클 홀로그램

와~ 반짝반짝 예쁘다!

1 종이에 매직으로 나무를 그려 보세요.

2 클레이를 손바닥으로 둥글린 후 나뭇가지에 꾹 눌러 붙여 주세요.

tip :) 만능 본드를 이용하면 더 잘 붙어요.

3 마음에 드는 스팡클을 골라 클레이 열매에 꽂아 주세요.

그럼 난 왼쪽 열매를 가득 채울게!

난 오른쪽 열매를 채울게!

나무 기둥에도 클레이를 붙이다니 기발한걸?

4 열매를 가득 채우고 스팡클을 가득 꽂아 주세요!

tip :) 친구와 함께 작품을 만들면 협동심이 길러져요!

5 클레이를 둥글둥글 말아서 나무 기둥에도 하나씩 붙여 주세요!

6 입체 보석 나무 완성!

놀이 플러스

산타할아버지와 크리스마스트리를 그려 보세요. 클레이로 장식도 만들고 색종이도 붙여 보았어요. 입체 카드는 도화지를 반 접어 가위로 네 군데 크기를 다르게 잘라 포장지를 붙이면 완성! 라인 클레이는 길게 생겨서 선을 표현하기 좋답니다. 존은 키스히링의 <엄마와 아기> 작품을 따라해 보았어요.

15 경찰차와 공룡 퍼즐
일회용 접시에 그림을 그리고 퍼즐을 만들자!

놀이 연령
4세

퍼즐은 생각하는 힘이 길러져서 아이들에게 참 좋아요. 하지만 몇 번 하다 보면 같은 그림에 적응해서 흥미가 떨어지지요. 일회용 접시를 이용하면 좋아하는 그림을 그려서 쉽게 퍼즐을 만들 수 있어요. 나이가 어린 아이들은 퍼즐 조각을 크게 자르고, 연령이 올라갈수록 퍼즐 조각을 작게 만들어서 난이도를 조절하면 된답니다.

이런 점이 좋아요

좋아하는 그림으로 퍼즐을 자유자재로
만들 수 있어서 흥미가 높아지고
손가락 근육을 고르게 사용해서
소근육이 발달하지요!

준비물

일회용 접시,
사인펜(물감), 가위

난 헬리콥터를 그릴래!

나는 바다 위에 있는 배를 그릴 거야~

1 사인펜을 이용해서 일회용 접시에 그림을 그려 보세요.

2 그림을 그렸다면 다양한 색으로 꼼꼼히 색칠해 주세요.

3 가위를 이용해서 조각을 내어 주세요.

tip :) 퍼즐이 처음이라면 조각을 크게 시작해도 좋아요!

나는 공룡을 그릴래!

4 헬리콥터 그림도 가위로 조각을 내어 맞추기 놀이를 해 보세요!

5 이번에는 경찰차를 그린 뒤 조각을 내어 보세요.

tip :) 처음에는 조각을 크게, 실력이 향상되면 더 작게 잘라서 활용하면 돼요!

6 새 접시에 그림을 그리고 꼼꼼히 색칠해 주세요.

tip :) 꼭 퍼즐을 만들지 않고 벽에 걸어둘 수 있는 용도로 쓸 수도 있어요!

놀이 플러스

태극기를 그려서 퍼즐을 맞추며 즐거운 시간을 보내요! 태극기의 태극무늬가 헷갈리겠지만, 이 기회에 태극무늬를 잘 익힐 수 있는 좋은 경험이 되었겠지요?

16 핸디코트의 변신

입체감 있는 태양 그림과 꽃병을 만들자!

놀이 연령
4세

손으로 바를 수 있다는 뜻을 가지고 있는 핸디코트의 정확한 명칭은 퍼티라고 해요. 벽면이 고르지 못할 때 평평하게 해주는 부자재인데 석회석 가루와 물이 주성분이라 인체에 해가 없어요. 또한 사용하고 남은 것은 보관만 잘하면 언제라도 다시 사용할 수 있답니다. 재료는 화방이나 인터넷 쇼핑몰에서 쉽게 구매할 수 있어요!

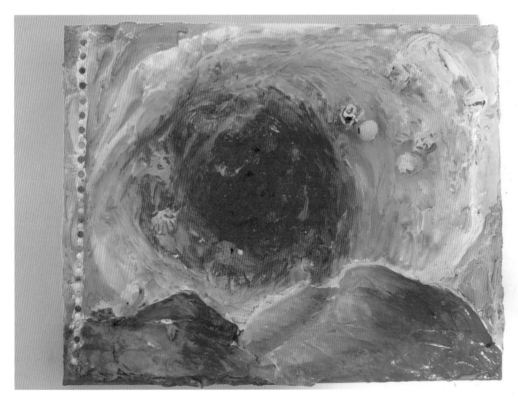

 이런 점이 좋아요

새로운 재료를 활용함으로써
아이들의 창의력과 상상력이
자라나요!

준비물

핸디코트, 주걱,
캔버스(단단한 박스),
나이프, 아크릴 물감,
구슬비즈, 플라스틱 통

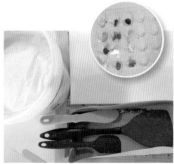

생크림보다 힘이 센 아이네!

1 넓은 플라스틱 통에 핸디코트를 담아 주걱으로 문질러 보세요.

2 손으로도 만져 촉감을 느껴 보세요.

3 캔버스 위에 핸디코트를 골고루 발라 주세요.

tip :) 캔버스가 없다면 단단한 박스나 나무판에 해도 돼요.

핸디코트가 손에 덕지덕지 붙어요!

4 캔버스에 구슬 비즈도 군데군데 붙여 보세요.

5 핸디코트에 아크릴 물감을 짜서 색을 만들어 주세요.

나이프로 색칠하니 느낌이 신기해~

6 산과 해 부분을 나이프로 색칠해 보세요.

tip :) 주걱, 플라스틱 스푼 등을 이용해도 괜찮아요!

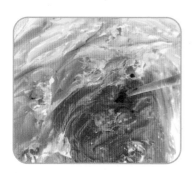

7 그늘에 하루 말린 후 나머지 부분을 물감으로 칠해서 완성해 주세요.

tip :) 딱딱하게 굳은 핸디코트를 만져 보며 질감의 변화를 이야기 나눠 보세요.

놀이 플러스

다 먹은 음료수 유리병에 핸디코트를 바르고 구슬 비즈와 스티커를 붙여요. 마르고 난 후 색칠하고 니스칠까지 하면 나만의 꽃병 완성! 테이블에 꽃병과 그림을 함께 전시하면 멋져요!

17 그리고, 붙이고, 멋지게 꾸민 연주회장

놀이 연령
4세+

골드펜과 펄 가루로 화려한 연주회장 그림을 만들자!

검은색 도화지에 금색펜을 이용해서 그림을 그리면 훨씬 더 멋있어 보이는 효과가 있어요. 연주회장같이 화려한 장소를 표현할 때에 좋답니다. 연주회 영상을 보고 나서 상상하며 그림을 그려 보았어요. 모양 펀치로 색종이를 잘라 붙여주니 연주회장의 화려한 불빛 느낌도 물씬 나네요! 남아 있는 종이나 빨대, 비즈 등을 붙여 주면 완성도가 더 높은 그림이 된답니다!

이런 점이 좋아요

손가락을 많이 사용하기 때문에
아이들의 두뇌 발달에 아주
좋답니다!

준비물

색종이, 모양 펀치, 검정색
도화지, 금색 네임펜,
딱풀, 목공풀, 다양한
공예재료(비즈, 펄가루,
한지, 끈)

1 연주회 영상을 보고 나서 금색 펜으로 연주회장의 모습을 그려 보세요.

2 모양 펀치를 이용해 색종이를 여러 가지 모양으로 잘라 두세요.

3 색종이로 자른 별 모양, 빛 모양 들을 연주회 그림 위에 붙여 주세요.

4 악기를 든 단원 그림을 더 그려서 공간을 채워 주세요.

5 끈으로는 커텐을 표현하고 빨대와 종이 등을 잘라서 붙여 보세요. 목공풀로 빛 모양을 그린 뒤 펄 가루도 뿌려 주세요.

6 한지를 찢어서 커튼 부분에 붙이고, 비즈들도 군데군데 붙여 주세요. 화려한 연주회장이 완성됐네요.

놀이 플러스

검은색 도화지에 금색 펜으로 나무를 그려요. 목공풀 위에 반짝이 펄을 뿌리면 클림트의 〈생명의 나무〉를 따라 그릴 수 있어요. 비즈도 붙이면 더 예뻐요!

18 젯소를 떠서 스윽~

젯소로 그림을 그린 뒤 사인펜으로 완성해 보자!

놀이 연령
6세

석고와 아교를 혼합한 젯소는 아크릴 물감의 밀착력과 보전력을 좋게 해 주고 발색력을 높이기 위해 사용하는데 아동 미술에서는 아이들이 좋아하는 울퉁불퉁한 질감을 주기 위해 사용합니다. 젯소를 나이프로 떠서 물에 살짝 개서 쓰면 되는데 빨리 마르기 때문에 나이프 등은 바로 씻는 것이 좋아요. 젯소와 물감만 있다면 재미있는 질감의 그림을 그릴 수 있어요!

이런 점이 좋아요

다양한 표현 기법을 활용함으로써
창의력 발달에 도움이 됩니다!

준비물

젯소, 나이프,
면봉(나무젓가락),
사인펜(물감),
검정 도화지

1 나이프를 이용해서 검정색 도화지에 젯소를 펼쳐서 발라 보세요.

2 젯소의 질감을 느끼면서 네모 모양으로 펴 발라 주세요.

3 네모 모양으로 펴바른 젯소에 면봉이나 나무젓가락으로 선과 도형을 그리고 하루 동안 충분히 말려 주세요.

4 마른 그림 위에 사인펜이나 물감 등으로 색칠해 주세요.

tip :) 사인펜보다 아크릴 물감이 부드럽게 잘 발라져요!

5 매끈한 질감을 느끼며 바탕도 칠해 주세요.

6 경찰차 사이렌과 바퀴까지 색칠하면 완성!

놀이 플러스

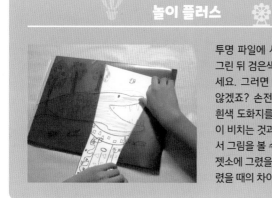

투명 파일에 사인펜으로 그림을 그린 뒤 검은색 도화지를 넣어 주세요. 그러면 그림이 잘 보이지 않겠죠? 손전등 모양으로 자른 흰색 도화지를 잘라서 넣으면 빛이 비치는 것과 같은 효과를 내면서 그림을 볼 수 있어요!
젯소에 그렸을 때와 파일 위에 그렸을 때의 차이점을 느껴 보세요!

19 도화지에 칠하는 화장

놀이 연령
4세

엄마 얼굴을 그리고 메이크업 도구로 화장을 해 보자!

엄마가 화장할 때에 호기심 가득한 눈으로 쳐다보는 아이들! 마음껏 화장해 보고 싶어 하는 아이를 위해 쓰지 않는 메이크업 재료를 모아서 도화지에 메이크업 그림을 그려 봤어요. 어른들이 하는 메이크업 순서대로 화장을 해 보면 더 신기하겠죠? 립스틱으로 그림을 그릴 수 있다는 사실을 무척 재미있어해요!

 이런 점이 좋아요

다양한 색을 사용하며 색에 관심을 가질 수 있어요. 입술에 립스틱을 바르고 찍어 보며 자아존중감도 높아지지요.

준비물

다양한 색조 화장품, 화장 붓, 도화지

1 종이에 엄마 얼굴을 그려 주세요.

tip :) 아이가 원한다면 엄마가 그려 주어도 좋아요!

와~ 너무 재밌어!

2 여러 가지 아이섀도 색깔을 관찰해 보고 마음에 드는 색을 골라 눈두덩이 부분을 칠해 주세요.

얼굴부터 목까지 톡톡 발라야 돼!

3 얼굴에는 파우더를 톡톡 발라 주세요.

발그스레한 볼이 되었네

4 핑크색 계열을 볼터치 붓에 묻혀 볼 부분에 둥글게 발라 주세요.

5 눈두덩이에는 반짝이도 발라 주세요.

6 립글로스도 톡톡톡 발라 주세요.

7 눈썹 펜슬을 이용해서 머리카락도 색칠해 보세요.

와~ 정말 입술 색깔이 변하네?

8 새로운 얼굴을 그리고 입술에는 마법의 초록 립스틱을 발라 보았어요.

tip :) 화장에 대한 호기심이 충족되는 재밌는 시간이에요!

20 눈 오는 날을 그리자

마스크를 잘라 눈과 눈사람을 만들어 보자!

마스크가 없이는 활동하기가 어려워지는 상황이 되면서 아이들은 마스크와 친숙해졌어요. 쓰고 버리는 마스크를 재활용해서 눈 오는 날을 입체감 있게 그려 볼까요? 마스크를 오리고 붙이면 뚝딱 눈사람도 완성된답니다! 수채화 물감으로 파란 하늘을 만들고 마스크로 작은 동그라미를 오려 눈 내리는 날을 표현해 보세요.

이런 점이 좋아요

물감과 마스크를 같이 사용하면서
재료의 질감 차이를 배울 수 있어요.

준비물

붓, 스케치북, 물감, 가위, 마스크,
목공풀, 색종이, 검정 사인펜, 뽕뽕이

1 마스크 한쪽 면을 꽉 채우는 큰 동그라미를 그려 잘라 주세요.

tip :) 마스크는 종이보다 자르기가 힘드니 엄마가 도와주세요.

눈사람을 만들자~

2 마스크를 자른 3장의 동그라미를 목공풀을 이용해 나란히 붙여 주세요.

3 파란색 물감으로 하늘을 표현해 주세요.

흰 눈이 소복소복 쌓인 것 같아!

4 흰색 물감으로 바닥에 쌓인 눈을 표현해 주세요.

5 마스크에 작은 동그라미를 여러 개 그린 후 오려 주세요.

흰 눈을 붙이자!

6 작은 동그라미로 눈 오는 모습을 표현해서 붙여 주세요.

7 색종이로 모자와 눈사람 팔, 당근 코, 목도리를 만들어서 붙여 주세요.

마술사 눈사람 같아!

8 펜으로 눈과 입을 그려 주면 완성!

tip :) 뽕뽕이가 있다면 모자에 붙여 보세요!

21 파도 소리가 들리는 바다

조개를 붙여 입체감 있는 바다를 표현해 보자!

모델링 페이스트와 물감을 섞어서 시원한 바다를 표현해 보세요. 모델링 페이스트는 대리석 분말 가루가 섞여 있어서 되직한 질감을 주기 때문에 입체감을 표현할 때에 많이 사용하는데 물감, 모래 등을 혼합하기도 해요. 나이프를 이용해서 원하는 형체를 두껍게 만들어 조개도 붙여 보고 붓으로 터치감을 만들 수도 있어요. 새로운 재료를 사용하면 흥미도가 높아지겠죠!

 이런 점이 좋아요

모델링 페이스트의 특징을 알 수 있고,
입체표현력을 기를 수 있어요.

준비물

모델링 페이스트, 물감(파란색,
황토색), 붓, 나무판(두꺼운
종이), 은박지(일회용 접시),
비닐(신문지)

1 일회용 접시에 모델링 페이스트를 덜어 놓고 황토색 물감을 조금씩 섞어서 원하는 모래 색을 만들어 주세요.

2 붓으로 물감을 떠서 나무판 아래쪽을 칠해 모래를 표현해 주세요.

3 물감이 묻은 곳에 조개를 붙여 주세요.

tip :) 모델링 페이스트를 섞은 물감이 두툼하게 발려 있어야 조개가 잘 붙어요!

4 페이스트에 파란색 물감을 섞어서 바다색을 만들어요.

tip :) 가까운 곳은 진하게, 먼 곳은 연하게 표현하면 입체감이 더 살아나요!

나는 빨간색 꽃게!

나는 노란색 꽃게!

5 꽃게 등 바다생물 장난감이 있다면 붙여 주세요!

tip :) 장난감이 없을 때에는 조개에 색칠하고 색종이로 다리를 만들어서 붙여요!

6 모델링 페이스트를 듬뿍 떠서 아랫부분에 발라 파도를 표현해 주세요.

tip :) 두툼하면 입체감이 살아나요!

7 윗부분의 파도도 표현해 주세요.

tip :) 파도가 여러 개 있으면 더 멋진 바다가 연출돼요!

8 붓으로 물감을 툭툭 쳐서 물감이 위로 올라오는 느낌을 주세요. 출렁거리는 바다를 표현할 수 있어요.

22 김발에서 헤엄치는 물고기

김발의 오돌토돌 질감을 느끼며 바다 그림을 그려 보자!

김발 위에 김과 밥, 갖은 재료를 놓고 김밥을 말면 아이들은 호기심으로 눈이 반짝반짝합니다. 올록볼록한 대나무 김발 위에 물감을 칠하는 미술 놀이를 해 볼까요? 종이와 다른 새로운 재료의 질감의 차이를 느껴 볼 수 있어서 아이들이 엄청 재미있어해요. 그리기 어려운 재질이지만 다 그리고 나면 성취감과 자신감이 쑤욱 자라나겠죠?

이런 점이 좋아요

다양한 재료에 그림을 그릴 수 있다는
것을 경험할 수 있어요!

준비물

김발, 팔레트, 붓, 물감

1 김발을 펼쳐서 촉감을 느끼며 탐색의 시간을 가져 보세요.

2 팔레트에 물감을 짠 후 붓에 물감을 묻혀 그림을 그려요.

tip :) 사인펜으로 스케치 먼저 해도 좋아요.

3 물고기를 꼼꼼히 칠한 뒤 눈도 그려 주세요.

4 미역과 오징어, 불가사리 등도 그려 바다 느낌을 더해 주면 좋아요.

5 김발에 그림을 그려 본 후 종이에 그렸을 때와 다른 점을 이야기해 보세요.

tip :) 김발에 그림을 그리는 것은 쉬운 일은 아니에요. 끝까지 잘 완성한 아이에게 꼭 칭찬을 해 주세요.

놀이 플러스

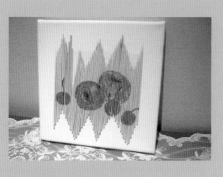

셀로판지 그림
유리창에 분무기로 물을 뿌린 뒤 셀로판지 조각을 붙여 유리창에서 헤엄치는 물고기를 표현해 보세요. 전기 테이프로 테두리도 그려주면 더 선명한 그림이 돼요!

이쑤시개 그림
종이에 양면테이프를 붙인 뒤 그 위에 이쑤시개를 차례로 붙여 주세요. 높낮이를 달리하면 리듬감 있어 보여요. 사인펜으로 그림을 그려 보면 입체감 있는 색다른 그림이 완성돼요.

23 부활절 달걀

삶은 달걀에 마커펜으로 그림을 그려 보자!

부활절에는 삶은 달걀을 나눠주며 예수님의 부활을 기념하지요. 흰색 달걀을 삶아 식힌 뒤 그림을 그리고 스티커를 붙였더니 예쁜 달걀이 완성되었어요. 크레파스로 글자를 써서 염색하면 전하고 싶은 글씨만 또렷하게 나타나서 더 좋아요. 소중한 사람에게 선물도 해 보세요. 정성스럽게 그림 그리는 마음도 같이 전달될 만한 귀한 선물이에요!

이런 점이 좋아요

달걀은 면적이 좁고 종이와는 다른 타원형이어서 차이점을 알 수 있어요!

준비물

삶은 달걀, 키친타월, 습자지, 노끈, 테이프, 스티커, 색소, 크레파스, 가위, 마커

1 테이블에 키친타월을 깔고 마커를 이용해 달걀에 그림을 그려 주세요.

깨지지 않도록 조심조심~

2 그림과 어울리는 스티커를 붙여 주세요.

3 다른 달걀에도 자유롭게 그림을 그리고 반대쪽에는 하고 싶은 말도 적어 주세요.

4 달걀 아래 키친타월과 습자지를 깔고 돌돌 말 준비를 해 주세요.

5 돌돌 만 달걀 양쪽 끝은 노끈을 이용해서 사탕 모양으로 묶어 주세요.

6 삶은 달걀에 흰색 크레파스로 글씨를 적고 물 반 컵에 식초 1T, 색소 5방울을 섞고 달걀을 10분 간 넣어요.

놀이 플러스

식초를 담은 컵에 색소 1방울을 넣고 삶은 메추리알(달걀)을 며칠 넣어 두면 중화반응이 일어나 껍질이 녹아요. 또 식초가 메추리알의 안쪽에 있는 반투막을 통과해서 메추리알이 더 커지고요.
도화지에 수성 사인펜으로 애벌레를 그리고, 볼펜으로는 곤충을 그린 뒤 이쑤시개로 눌러 보면 볼펜으로 그린 벌레는 그대로이지만 수성 사인펜으로 그린 애벌레는 식초물이 번져 없어지는 것을 볼 수 있어요!

24 책 보고 따라 그려 볼까?

크레파스와 수채화 물감으로 그림을 그려 보자!

기름은 물을 밀어내는 배수성을 갖고 있지요. 크레파스는 기름 성분이라서 수채화 물감이 지나갈 수 없어요. 아직 연령이 낮은 아이들에게 기법에 대해서 자세히 설명하는 것보다 붓을 가지고 놀며 "크레파스는 기름 성분이고 물감은 물 성분이어서 둘은 섞이지 않아" 정도만 알려줘도 괜찮습니다. 아이들은 그 자체로도 굉장히 신기해해요!

이런 점이 좋아요

크레파스와 수채 물감의 특성을 자연스럽게 배우며 관찰력과 묘사력이 커져요! 같은 책을 보고 다르게 표현된 두 가지 작품을 서로 비교할 수 있어요.

준비물

책, 붓, 물통(플라스틱 통), 크레파스, 색연필, 수채화 물감

해파리와
불가사리를
그릴래!

1 바다 생물책을 보고 인상 깊은 장면을 크레파스로 그려 주세요.

가시복을
그릴 거야!

2 같은 책을 보고 동생도 바다 생물을 그렸어요!

3 형이 수채화 물감으로 배경을 꼼꼼히 색칠해 주세요.

4 동생도 같은 방법으로 바다를 꼼꼼히 색칠해 주세요.

5 크레파스 그림과 수채화는 섞이지 않지요?

tip :) 크레파스톱 기름 성분이라 물과 섞이지 않다는 것을 알 수 있어요!

6 두 가지 그림을 비교하면서 그림 내용을 설명해 보세요.

tip :) 자신의 그림을 설명하면 표현력도 좋아지겠죠!

🎈 놀이 플러스 🎡

도화지 위에 비누로 그림을 그려 보세요. 그림이 보이지 않을 거예요. 다음에는 여러 색의 크레파스를 사용해서 도화지 위를 가득 채워 주세요. 분무기로 물을 뿌리고 휴지로 닦아주면 비누로 그린 그림이 마법처럼 나타나요! 비누와 물이 만나면서 비누가 녹아서 그림이 나타나는 원리랍니다!

25 길바닥에 칠해 볼까?
천연물감을 만들어 자유롭게 그려 보자!

놀이 연령
4세+

아이들은 물놀이를 정말 좋아해요. 그림도 그리고 물놀이도 체험해 볼 수 있는 놀이를 했답니다. 전분 가루에 물과 식용 색소를 섞으면 천연물감이 돼요. 물 호스가 설치된 곳에서 길바닥에 그림을 그려 보세요. 소방관 흉내를 내며 물줄기를 뿌리면 물감도 깨끗이 청소할 수 있답니다. 이런 놀이는 아이들의 상상력을 키워주고 자신감을 높여 주지요.

이런 점이 좋아요

천연물감을 만들면서 물을 이용해 즐겁게 놀 수 있는 방법을 배울 수 있어요.

준비물

옥수수 전분 가루 1컵, 물 1컵, 색소(물감), 빈 소스 통, 깔때기, 종이컵

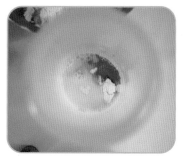

1 옥수수 전분 가루 1컵에 물 1컵, 식용 색소 1~2방울을 잘 섞어 천연물감을 만들어 주세요.

2 여러 가지 색을 만들어서 소스통에 담아 주세요.

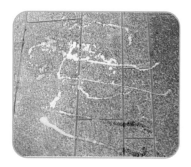

3 사람이 없는 길바닥을 도화지 삼아 자유롭게 뿌려 보세요.

tip :) 천연물감이라 물로도 잘 지워지니 걱정하지 않아도 괜찮아요!

4 존은 소방관 복장을 하고 길바닥에 여러 색의 천연물감을 뿌리며 그림을 그렸어요.

5 무슨 그림을 그린 것인지 이야기도 나눠 보세요.

6 그림 놀이가 끝난 후에는 물을 뿌리며 소방관 놀이를 해 보세요. 그리고 그림이 지워지는 모습을 관찰해 보세요.

놀이 플러스

햇빛이 좋은 날, 지워지는 분필이나 천연물감을 이용해 그림자를 그려 보세요. 그리고 다시 물을 뿌려 놓은 후 그림자에 대해 이야기를 나눠 보세요.

Part

04

성취감과 자신감을 향상하는
만들기 놀이

일상에서 쉽게 볼 수 있는 용품으로 장난감을 만들면 독창성과 창의성을 높이는 것은 물론이고 다른 재료와의 활용법도 익힐 수 있어요. 처음에는 어색해 하지만 몇 번 체험을 하고 나면 생각지도 못한 아이디어를 낸답니다!

 # 01 신나는 폭죽놀이!

휴지심과 종이컵으로 로켓과 색종이 폭죽을 만들어 보자!

놀이 연령
4세

종이컵으로 폭죽을 만들어 보세요. 존은 휴지심으로 로켓 폭죽도 만들었답니다! 색종이를 많이 자르면 색종이가 가득 쏟아져서 더욱 즐거워해요. 집에 있는 재료로 직접 만드는 폭죽이라 안전하고 무한 반복할 수 있어서 아이들에게 좋은 놀이 재료가 된답니다! 아이들이 정말 재미있어해요!

이런 점이 좋아요

색종이를 자르고 찢는 활동으로
즐거움을 느낄 수 있어요!

준비물

종이컵, 색종이,
뽕뽕이, 풍선,
테이프, 가위, 칼

1 가위로 풍선 둥근 부분의 1/3 정도 잘라 주세요.

2 칼을 이용해 종이컵 아랫부분을 잘라 주세요.

tip :) 칼 사용은 위험할 수 있으니 엄마가 해 주세요.

3 종이컵 아래에 풍선을 끼우고 테이프로 단단히 고정시켜 주세요.

4 색종이를 손과 가위를 이용해서 잘게 잘라 주세요.

5 자른 색종이와 뿅뿅이를 종이컵 가득 넣어 주세요.

6 "하나, 둘, 셋!" 구호에 맞춰 풍선 아랫부분을 길게 잡았다가 놓아 보세요!

놀이 플러스

휴지심에 풍선을 잘라 붙인 뒤 색종이를 덧대어 주세요. 양쪽에는 삼각형의 로켓 모양을 잘라 붙여 주세요. 휴지심 안에 색종이를 넣고 풍선을 당기면 로켓 폭죽이 완성!

 **띠가딩 기타**
기타를 만들어 연주해 보자!

아이들은 소리에 관심이 참 많아요. 플라스틱 컵으로 마라카스 악기를 만들었을 때 반응이 아주 좋았지요! 이번에는 고무줄을 튕기면 소리를 내는 기타를 만들어 보세요. 익숙한 재료를 재활용해서 만들면 창의력이 증대되지요! 아이들이 좋아하는 동요를 부르며 악기를 연주하다 보면 웃음소리가 울려 퍼진답니다!

이런 점이 좋아요

기타의 특징을 알 수 있고 소리를 통해 청각 자극이 돼요.

준비물

색 도화지, 골판지(마분지), 박스, 기타 도안, 우드락(생략가능), 가위, 고무줄, 양면테이프, 일반 테이프, 연필

1 기타 도안을 오려 색도화지 위에 대고 연필로 따라 그려 주세요.

2 기타가 그려진 색 도화지를 가위로 잘라 주세요.

3 박스와 우드락도 기타 도안대로 그려 오린 뒤 우드락(또는 박스 2겹)을 붙여 주세요.

4 골판지를 상자 모양으로 만든 뒤 기타 모양 우드락에 비스듬히 붙여 주세요.

5 기타 모양 박스 위에 양면 테이프를 붙이고 일반 테이프로 테두리 부분을 한 번 더 붙여 주세요.

6 고무줄을 6줄 끼워 주세요.
tip :) 끝에 칼집을 내면 고무줄이 더 잘 고정돼요.

7 손잡이 부분을 몸체 부분과 테이프로 붙이면 기타가 완성!

놀이 플러스

택배 박스를 잘라 ㄷ자 모양으로 접은 뒤 글루건을 이용해서 안쪽에 병뚜껑 2개를 붙여 주세요. 병뚜껑이 맞부딪히면서 소리가 나는 나만의 캐스터네츠가 된답니다! 좋아하는 동물 모양을 그려 주면 더 신나겠지요?

03 생화처럼 예쁜 꽃
키친타월로 알록달록 꽃을 만들어 보자

아이들과 함께 키친타월과 마커를 이용해 꽃을 만들어 보세요. 금방 시들어서 버리게 되는 꽃과는 다르게 아이들이 직접 만든 멋진 꽃은 오래도록 볼 수 있답니다! 식탁에 놔두면 정말 근사해요! 키친타월을 접으면 어떻게 변하게 될지 이야기 나누면서 예쁜 꽃을 만들어 보세요.

이런 점이 좋아요

미적 정서를 기르고, 함께 만들며 협동심을 배울 수 있어요!

준비물

키친타월, 와이어, 마커, 플라스틱 컵, 돌멩이

1 키친타월 3장을 뜯어 한꺼번에 겹쳐지게 포갠 뒤 부채모양으로 접어 주세요.

tip :) 지그재그로 접으면 돼요!

2 30cm 정도의 와이어를 키친타월 중앙 부분에 넣고 반 접은 후 끝까지 꼬아 주세요.

3 마커로 휴지 끝부분을 칠해 주세요.

4 여러 가지 색을 섞어도 예뻐요!

5 키친타월 끝부분을 잡아 양쪽으로 펼쳐서 꽃 모양을 만들어 주세요.

6 안쪽 부분도 칠해 주세요. 예쁜 꽃이 완성!

7 플라스틱 통에 돌멩이를 넣고 꽃을 꽂아 주세요.

놀이 플러스

꽃을 화병에 꽂는 꽃꽂이를 직접 주도적으로 해 보는 것도 오감 발달과 정서 안정 효과가 있어요.

04 외계인이 탄 UFO

종이 접시로 만든 UFO에 클레이 외계인이 타고 있어!

영상으로 외계인을 보면 아이들은 무척 신기해 한답니다. 존은 외계인이 나오는 ET 영화를 보고 나서 UFO에 부쩍 관심이 생겼어요! 클레이로 조물조물 외계인과 친구들을 만들어 UFO에 태워줬어요. 투명 반구는 화방이나 인터넷 쇼핑몰에서 구매할 수 있어요. 구하기 어렵다면 일회용 투명 컵을 이용해도 괜찮으니 아이들과 함께 만들어 보세요!

 이런 점이 좋아요

상상한 것을 만들어 보면서 표현력이
늘어나고 소근육이 발달해요.

준비물

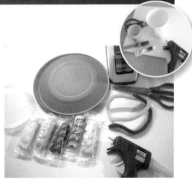

종이 접시 2개, 클레이,
테이프, 가위, 모루,
글루건(본드), 투명 반구 또는
일회용 컵, 스티커(생략 가능)

1 종이 접시 두 개를 마주보게 하고 테이프를 붙여 주세요.

2 클레이로 외계인과 친구들을 만들어 주세요.

tip :) 투명 반구 안에 들어가야 하니 작게 만드는 게 좋아요!

3 투명 반구를 글루건이나 본드를 이용해서 종이 접시 위에 붙여 주세요.

tip :) 글루건은 엄마가 해 주세요.

4 글루건을 한 번 더 쏘아서 모루로 장식을 해 주세요.

5 UFO 위에 스티커 등을 이용해서 꾸며 주세요.

6 와이어 LED 전구를 연결해서 불을 켜 주니 반짝반짝 진짜 UFO 같지요?

놀이 플러스

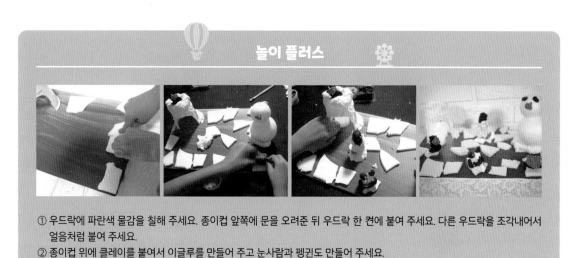

① 우드락에 파란색 물감을 칠해 주세요. 종이컵 앞쪽에 문을 오려준 뒤 우드락 한 켠에 붙여 주세요. 다른 우드락을 조각내어서 얼음처럼 붙여 주세요.

② 종이컵 위에 클레이를 붙여서 이글루를 만들어 주고 눈사람과 펭귄도 만들어 주세요.

③ 이글루 안에 조명을 넣어 주세요.

④ 눈사람에 클레이 눈을 붙이고 우드락 조각을 더 붙여 주면 아늑한 펭귄 하우스 완성!

 **추석 선물 생선꾸러미**

추석 선물 생선 세트를 만들어 보자!

명절이 되면 선물 세트를 많이 주고받지요. 아이들과 함께 선물세트를 직접 만들어 보는 시간을 가져 보세요. 물고기를 그리고 솜을 넣어 볼록하게 만드는 과정을 통해서 창의력을 키울 수 있답니다. 선물을 주고받는 명절에 대해 이야기하며 정보력도 쑥쑥 늘어날 거예요! 친구끼리 자신이 만든 물고기를 들고 사진을 찍으면 즐거운 추억이 되겠지요.

이런 점이 좋아요

추석에 대해 알 수 있으며 선물 세트를 만들면서 구성 능력을 발달시킬 수 있어요.

준비물

소포지, 끈, 테이프, 크레파스, 매직(사인펜), 가위, 스테이플러, 솜

1 매직을 이용해서 소포지에 물고기를 그려 주세요.

2 크레파스로 색칠을 해 주세요.

3 테두리를 1cm 정도 남긴 후 가위로 잘라 주고 솜 넣을 부분을 제외한 부분을 스테이플러로 찍어 주세요.

4 솜을 채워서 물고기를 빵빵하게 만들고 솜 입구 부분도 스테이플러로 찍어 주세요.

5 위에서부터 끈을 묶은 뒤 뒷부분은 테이프를 이용해서 고정시켜 주세요.

6 끈으로 엮은 물고기를 들고 명절에 서로 선물을 해 주는 놀이를 해 봐도 좋아요!

 # 06 솔방울 모빌과 리스
솔방울을 주워서 모빌과 리스를 만들어 보자!

놀이 연령
5세+

떨어진 솔방울과 나뭇가지를 이용하면 멋진 모빌과 리스를 만들 수 있어요! 산책하다 만나는 자연물을 이용하는 것이어서 아이들 반응이 아주 좋답니다! 야외에서 솔방울을 주우며 까르르 웃는 아이 얼굴을 볼 수 있어요. 자연 속 재료를 이용하여 친구와 함께 만들기를 하면 협동심이 쑥쑥 자라나겠지요?

이런 점이 좋아요

자연물을 이용하는 구성 능력을 길러주고 정서적 안정감을 기를 수 있어요.

준비물

솔방울, 아크릴 물감, 붓, 노끈, 일회용 접시, 가위, 리본끈, 글루건, 나뭇가지, 붓, 비즈, 뽕뽕이

이 정도면 만들기를 많이 할 수 있겠다!

1 야외에서 솔방울을 주워 오세요!

2 나뭇가지도 주워 주세요. 모빌에 쓸 거니까 길고 매끈한 것이 좋겠지요!

흰색을 바르면 눈이 온 느낌이 들겠지!?

3 솔방울을 깨끗이 씻어 말린 뒤 아크릴 물감으로 색칠해 주세요.

4 노끈을 이용해 솔방울 끝을 묶어 주세요.

5 나뭇가지에 하나씩 매달아 주세요.

6 알록달록한 비즈를 끼워 주고 뽕뽕이도 달아 주세요. 모빌 완성!

놀이 플러스

일회용 접시 안쪽 부분을 잘라서 테두리만 남기고 글루건을 이용해서 물감으로 꾸민 솔방울을 붙여 주세요. 리본 끈을 만들어서 붙여 주면 크리스마스 리스가 완성!

 # 07 캐릭터 부채 만들기

좋아하는 캐릭터 부채를 만들어 보자!

최근에는 손풍기라고 불리는 휴대용 선풍기를 사용해서 부채를 사용하는 일이 줄어들었어요. 하지만 아이가 좋아하는 그림으로 부채를 만들어 보세요. 코팅지를 사용하기 때문에 보드펜으로 낙서하고 물티슈로 지울 수도 있어서 부채 겸 메모지로도 사용이 가능하답니다. 쉽게 할 수 있는 만들기라 부담도 없고 아이들은 무척 재미있어해요!

이런 점이 좋아요

종이를 자르고 색을 칠하며 손 근육을 많이 사용할 수 있어요!

준비물

색 도화지, 사인펜, 크레파스, 코팅지 2개, 아이스크림 막대기(젓가락), 글루건, 가위

1 종이에 좋아하는 캐릭터를 그리고 색칠을 해 주세요.

2 캐릭터를 모양대로 자르고 코팅지를 앞뒤로 붙여 주세요.

tip :) 코팅지와 ohp 용지를 함께 붙여도 돼요.

3 가위로 테두리를 잘라 주세요.

조심조심~

4 아이스크림 막대기에 글루건을 짜서 붙여 주세요.

tip :) 글루건이 없다면 본드도 괜찮아요!

5 뒷부분도 글루건을 짜서 막대기를 붙여주면 귀여운 캐릭터 부채 완성!

놀이 플러스

도화지에 나비 모양을 그리고 테두리를 1cm 정도 남겨서 잘라 주세요. 코팅지에 붙인 뒤 셀로판지를 잘라 붙이고 그 위에 다시 코팅지를 붙여 주세요. 색을 칠한 아이스크림 막대기까지 붙이면 화려한 나비 부채가 완성!

08 인형 만들기

놀이 연령
4세

비즈와 모루를 이용해 인형 얼굴과 양말 인형을 만들어 보자!

비즈를 이용하는 놀이는 아이들 손의 협응력을 높여주고 구성 능력도 키울 수 있어요. 손으로 만지며 촉감도 느낄 수 있고요. 비즈를 이용해서 인형, 목걸이, 팔찌 등을 만들어 보세요. 양말로 독창적인 나만의 인형도 만들 수 있어요! 직접 만들면 아이들은 자기 작품에 더 애착을 많이 느낀답니다. 직접 만든 장난감이니까요!

이런 점이 좋아요

비즈를 끼우며 눈과 손의 협응력을 키우고 구성 능력을 기를 수 있어요!

준비물

우드락, 송곳, 비즈, 모루, 뽕뽕이, 가위, 늘어나는 낚싯줄, 매직(검정)

1 우드락을 얼굴 크기로 자른 뒤 매직으로 얼굴을 그려 주세요. 뽕뽕이도 붙여 주세요!

2 머리카락 부분에 송곳으로 구 멍을 뿅뿅 뚫어 주세요.

tip :) 송곳은 엄마가 해 주세요.

3 모루를 끼워서 머리카락을 표 현해 주세요.

4 모루에 원하는 비즈를 자유롭 게 끼워 주세요.

5 나와 똑 닮은 모루 인형 완성!

6 남은 비즈를 낚싯줄에 끼워서 목걸이와 팔찌도 만들어요.

tip :) 모양과 색깔을 자유롭게 고르면서 디자인 구성을 할 수 있답니다.

놀이 플러스

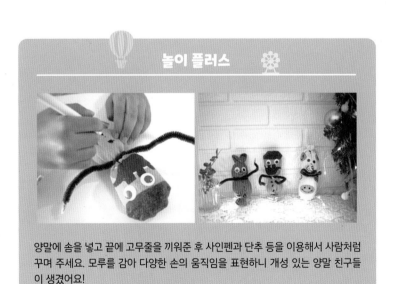

양말에 솜을 넣고 끝에 고무줄을 끼워준 후 사인펜과 단추 등을 이용해서 사람처럼 꾸며 주세요. 모루를 감아 다양한 손의 움직임을 표현하니 개성 있는 양말 친구들 이 생겼어요!

09 반짝반짝 세차장~
재활용 박스로 세차장을 만들어 보자!

놀이 연령
5세

아이들은 세차장을 정말 신기해해요. 택배 박스로 세차장을 만들어 놀자고 하면 진짜 세차장이 아니어도 굉장히 좋아할 거랍니다! ohp 필름지가 없을 때에는 투명 비닐에 그림을 그려 보세요. 세차장을 갔던 기억을 떠올리며 거품을 신나게 그릴 거예요! 택배 박스를 자를 때에는 칼을 사용해야 하니 엄마가 해 주시는 게 좋아요!

이런 점이 좋아요

손가락을 많이 써서 소근육이
발달되고 창의성도 높아져요!

준비물

박스, 전기 테이프, 투명 테이프,
천 조각(색종이), 솔 2개, 가위,
매직펜, ohp 필름(투명 비닐),
자동차 장난감

1 박스 윗부분을 잘라 주세요.

2 입구가 될 앞면은 ㄷ자로 자른 뒤 전기 테이프를 붙여서 마무리해 주세요.

3 윗부분은 색 도화지로 씌운 후 테이프로 붙여 주세요.

4 세차장 또는 car wash라고 적어 주고 양면도 사각 모양을 내서 잘라 주세요.

5 ohp 필름에 거품 모양 그림을 그려 보세요.

6 천 조각을 1cm 간격으로 잘라 여러 줄 만들어 주세요.

tip :) 천 조각이 없다면 색종이도 괜찮아요!

7 천 조각은 출구에 붙여 주세요.

8 송곳이나 가위 끝을 이용해 청소 솔을 끼울 구멍을 2군데 뚫어 준 뒤 거품을 그린 ohp 필름을 양면에 붙여 주면 세차장 만들기 끝!

지퍼백의 변신

물컹물컹 느낌이 재미있는 꾹꾹이를 만들자!

놀이 연령
5세

요즘은 손 소독제를 직접 만들기도 하지요. 손 소독제를 만들 때 꼭 필요한 글리세린으로 장난감을 만들어 볼까요? 글리세린과 지퍼백만 있으면 수제 장난감을 만들 수 있어요! 파란색 물감을 넣어 어항 느낌으로 만들어도 좋고 슬라임하다가 남은 파츠를 넣어도 좋습니다. 소근육을 발달시킬 수 있는 똑똑한 수제 장난감이에요. 아이는 '꾹꾹이'라고 이름을 붙여 주었지요!

 이런 점이 좋아요

소근육이 발달하고 뇌에 활발한 자극을 줍니다.

준비물

글리세린, 도화지, 지퍼백(육수 저장팩), 가위, ohp 필름, 네임펜(사인펜), 글리터 가루(비즈), 만능 본드, 유리 테이프, 종이테이프, 솜, 뽕뽕이, 빨대

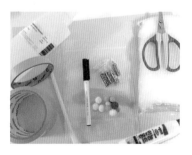

1 도화지를 반으로 접은 후 컵을 스케치로 그린 후 가위를 넣어 모양대로 잘라 주세요.

2 네임펜을 이용해서 ohp 필름에 과일 그림을 그린 뒤 오려 주세요.

3 지퍼백에 글리세린을 1/3정도 넣어 주세요.

tip :) 지퍼백이 흐물거려서 잘 서지 않으면 사각 통 안에 넣으면 편해요.

예쁜 비즈를 가득 넣자!

4 글리터 가루(비즈)를 취향대로 넣어 주세요.

tip :) 아이가 좋아하는 작은 그림 등을 함께 넣어도 좋아요!

5 지퍼백 공기를 뺀 후 입구를 테이프로 단단히 붙이고 ①번의 도화지 안쪽에 지퍼백 위치를 잡아 테이프로 붙여 주세요.

6 본드를 이용해서 윗부분에는 빨대와 솜을 붙여서 음료를 표현해 주세요!

7 솜 위에도 뿅뿅이와 비즈를 붙여 주면 더 먹음직스러운 음료수가 되어요!

8 테두리를 종이 테이프로 붙여서 마감하면 더 좋겠지요?

tip :) 손으로 누르면 기포가 움직여요.

🎈 **놀이 플러스** 🎡

ohp 필름에 물고기를 그린 후 글리세린과 물감을 섞은 것을 넣어주세요. 예쁜 어항이 되어요! 손으로 누르면 물고기가 움직여서 아이들이 좋아한답니다! 스프레이 공병에 소독용 에탄올 100ml 당 글리세린 15ml를 넣은 후 섞으면 수제 손 소독제가 돼요.

11 구름 무지개

종이를 오려 재미있는 구름 무지개를 만들어 보자!

알록달록 종이를 이용하면 아이들이 좋아하는 예쁜 무지개를 만들 수 있어요. 뭉실뭉실 솜으로 구름을 표현하고 빨주노초파남보 무지개색으로 자른 뒤 붙이면 구름 무지개가 합쳐진 신기한 모양이 나와서 아이들이 좋아한답니다! 집 안에 붙여 두면 분위기도 살아나고 기분도 좋아지지요.

이런 점이 좋아요

손가락으로 다양하게 표현하며
구성 능력을 키울 수 있어요

준비물

색 도화지, 솜,
연필, 끈, 가위,
양면테이프, 송곳

1 우드락에 구름을 그린 뒤 잘라 구름 모양 틀을 만들어 주세요.

tip :) 하단에 색 도화지를 붙여야 하는 자리는 남겨 주세요!

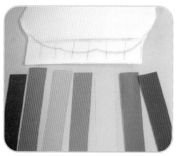

2 무지개색 종이를 길게 잘라 주세요.

3 우드락 윗부분에 송곳으로 구멍을 2개 뚫은 뒤 끈을 넣어 주세요.

tip :) 벽에 거는 걸이를 만드는 거예요.

4 구름 밑 부분에 양면테이프를 붙인 뒤 무지개 순서대로 붙여 주세요.

5 구름에 솜을 붙여서 풍성하게 꾸며 주세요.

6 인형 눈을 붙여 주면 귀여운 구름 무지개가 완성!

🎈 **놀이 플러스** 🎡

캔버스에 아크릴 물감으로 트리를 색칠한 뒤 반짝이 풀로 꾸며 주세요. 솜을 붙이고 뽕뽕이, 비즈 등을 붙이면 멋진 트리가 완성돼요!

12 똑딱똑딱 시계

일회용 접시로 시계를 만들어 보자!

일회용 접시와 시계 부품만 있다면 직접 시계를 만들 수 있어요! 지금 몇 시인지 궁금해하는 아이들의 흥미를 유발하면 적극적으로 참여한답니다. 다양한 색의 보드 마카를 이용해서 좋아하는 무늬도 그려 넣어 보세요. 시계 보는 방법을 배우며 호기심을 충족하고 시계가 움직이는 원리도 이해할 수 있는 놀이예요!

이런 점이 좋아요

시계의 움직임을 이해하고
조형 능력을 키울 수 있어요.

준비물

일회용 접시, 시계 부품,
보드마카(사인펜),
색종이, 가위, 본드,
가시메 리벳(할핀),
펀칭기, 원형 벨크로

1 보드 마카로 종이컵에 색을 칠해 주세요. 그리고 손목 밴드 부분을 남기고 잘라 주세요.

2 1~12까지 숫자를 적어 주고 종이로 만들어 둔 분침과 시침을 할핀을 이용해서 끼워 주세요.

3 시계 끝에 벨크로를 붙여 주면 장난감 손목시계가 완성!

tip :) 벨크로는 스티커 형이라서 바로 붙여요.

4 일회용 은박 접시에 좋아하는 것을 그려 주세요.

5 보드 마카를 이용해서 꼼꼼히 색칠해 주세요.

tip :) 작은 그림을 색칠하면 조절 능력을 발달시킬 수 있어요!

6 동그랗게 오린 색종이에 1~12까지의 숫자를 적은 뒤 본드를 이용해 시계 숫자 자리에 붙여 주세요.

7 접시를 뒤집어서 시계 부품을 달아 주세요. 벽에 걸 수 있도록 끈도 붙여 주세요.

8 건전지를 넣으니 똑딱똑딱 시계가 움직이는 것을 볼 수 있어요!

놀이 플러스

은박지 접시에 그림을 그린 후 테두리를 잘라 주세요. 자른 접시를 도화지에 붙이고 병뚜껑에 색칠을 한 후 글루건을 이용해서 테두리에 붙여 주세요. 꽃잎이 돼요! 색칠을 한 휴지심을 반으로 접어 잘라 붙이면 꽃잎과 가지를 표현할 수도 있답니다.

13 찰흙을 조물 조물

불이 켜지는 찰흙 집을 만들어 보자!

찰흙을 이용해서 놀이를 하면 아이들의 정서에 참 좋아요. 집 모양을 만들어 LED 전구를 끼워 불이 켜지는 집을 만들어 보세요. 아이들이 불을 끄고 켤 수 있는 것을 무척 흥미로워 한답니다. 집마당 울타리에는 빨대를 잘라 꽂고 지붕 위에는 노끈을 이용해 새둥지도 만들어 보세요. 상상력과 표현력이 훌쩍 커질 거예요.

이런 점이 좋아요

자유롭게 반죽해서 모양을 만들며
찰흙의 성질을 알 수 있어요.

준비물

찰흙, 클레이, 빨대,
아크릴물감, 붓, LED
꼬마전구, 가위,
플라스틱 칼, 도마, 밀대,
보석, 스티커

이 네모가 집의 바닥이 될 부분이네?

1 밀대를 이용해 찰흙을 편 후 플라스틱 칼로 네모 모양으로 잘라 주세요.

2 LED 꼬마전구를 놓고 힘껏 눌러서 바닥 면을 뚫어요.

tip :) on/off 버튼이 아래에 있어서 그 부분을 뚫어서 찰흙을 없애주는 거예요!

찰흙은 물을 묻히면 잘 붙네~

3 찰흙에 물을 묻혀가며 집 벽을 쌓아 올려 주세요.

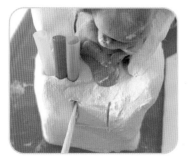

4 벽에 네모난 구멍을 뚫어 창문을 만들어 주세요.

5 마당 부분에 울타리를 만들고 그 위에 빨대를 잘라 장식도 해 주세요.

6 지붕에 구멍을 뚫어 주니 빛이 더 많이 보이네요!

7 존은 레고 친구들을 데려와서 함께 밥을 먹는 놀이를 했어요.

8 하루 말린 뒤 찰흙 집에 색칠을 하고 스티커도 붙여 주었어요!

놀이 플러스

조소용 점토를 이용하면 점착력이 좋기 때문에 멋진 작품을 만들어 전시할 수 있어요. 엄마 코끼리와 아기 코끼리를 완성해 조합하니 근사하죠? 컵 모양을 만들어 가마에 구우면 오븐에 넣어서 사용할 수 있는 컵을 만들 수 있어요.(옹기토나 조소 점토를 검색하면 인터넷 구매가 가능해요.)

14 지점토를 주물럭 주물럭

지점토와 조개로 화분을 만들자!

지점토는 아이들이 가지고 놀기에 아주 좋은 재료입니다. 지점토로 화분을 만들어 보세요. 부드러운 질감이 아이들 마음을 편안하게 해 줘서 정서 안정 효과가 있어요. 먹고 남은 꼬막 껍데기나 바닷가에서 주워온 조개껍데기 등을 이용해 장식 도구로 사용해 보세요. 친근한 재료라서 놀이에 더 빠지게 됩니다. 소근육을 많이 쓰니 아이들 두뇌 발달에도 좋겠지요!

이런 점이 좋아요

지점토를 주무르며 손을 계속
움직이니 뇌에 활발한 자극을
줍니다.

준비물

지점토, 플라스틱 통,
물감, 붓,
조개껍데기(꼬막껍데기)

1 플라스틱 통에 지점토를 붙여 주세요.

2 지점토 붙인 곳 위에 조개껍데 기를 붙여 주세요.

3 조개껍데기를 다 붙인 후 하루 동안 말려 주세요.

4 물감을 지점토 화분에 칠해 보세요.

5 알록달록 예쁜 화분이 완성되 었어요!

6 지점토가 남았다면 소품을 만 들어도 좋겠찌요. 존은 목걸이 를 만들었네요!

놀이 플러스

유토로 닭장을 만들어 보세요. 닭과 달 걀, 화분을 만들다 보면 창의력이 증가 하고 질감 놀이에 아주 좋아요. 유토는 기름을 섞어 굳지 않게끔 만든 찰흙이 라 새로운 재미가 있답니다.

15 먹어 보고 싶은 알록달록 음료수

놀이 연령
4세

클레이로 음료 모형을 만들어 파티를 해 보자!

아이들은 클레이를 참 좋아하죠. 클레이로 음료와 파르페를 만들어 보세요. 플라스틱 잔에 클레이와 비즈를 넣어 음료를 만들고 물감을 듬뿍 뿌리면 더 먹음직스러워져서 신이 난답니다! 클레이는 촉감이 좋고 색깔이 다양해서 아이들이 표현력을 다양하게 발휘할 수 있는 재료입니다. 주물럭거리다 보면 아이들이 손 근육을 많이 사용하게 되고 뇌 발달에도 좋아요!

이런 점이 좋아요

색깔을 다양하게 활용하는 법을 배우고 소근육 기능을 발달시킬 수 있어요.

준비물

클레이, 플라스틱 와인 컵(일회용 컵), 비즈, 플라스틱 스푼

1 클레이와 플라스틱 와인 잔을 준비해 주세요.

2 색색의 클레이를 동글동글 빚은 후 플라스틱 와인 잔에 넣어 주세요.

3 스푼을 이용해서 클레이를 꾹 눌러 납작하게 만들어 주세요.

4 취향 대로 비즈도 뿌려 주세요.

5 클레이 위에 비즈를 꽂으면 화분도 만들 수 있고, 나만의 음료를 표현할 수도 있어요!

6 내가 만든 와인 잔을 들고 야외 파티를 하는 역할 놀이를 하며 재미있게 놀아 보세요!

놀이 플러스

클레이를 이용해서 파르페도 만들 수 있어요. 일회용 컵 안에 클레이를 넣고 맨 위에는 물감을 쭉 짜주면 맛있어 보이는 파르페가 완성!

16 지혜로운 칠교

지점토로 만들고 색칠해서 칠교판을 만들어 보자!

탱그램이라고도 불리는 칠교놀이는 정해진 크기의 7조각을 조합해 새로운 모양을 만드는 놀이입니다. 직각삼각형과 정사각형, 평행사변형으로 이루어져 있어서 아이들이 도형을 익히기에도 좋아요. 7조각으로 만들 수 있는 것도 무궁무진해서 상상력과 표현력이 쑤욱 자라날 거예요! 인물, 동물, 식물 등 100여 가지가 넘는 것을 만들 수 있는 지혜의 판이랍니다

오리   강아지   여우   의자   나무

이런 점이 좋아요

지점토를 만지는 과정에서 손가락 근육을 고루 쓰게 됩니다. 색깔 칠교로 모양을 만들다 보면 창의력이 좋아지고 상상력이 길러져요!

준비물

지점토, 밀대, 플라스틱 칼, 아크릴 물감, 붓, 팔레트, 칠교 도안, 색연필

1 칠교 도안을 프린트한 뒤 그 위에 색연필로 색깔을 칠해 주세요.

2 지점토를 밀대로 밀어주고, 그 위에 가위로 자른 도안을 올려 주세요.

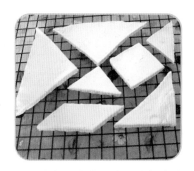

3 지점토 위에 도안 모양을 올린 후 모양대로 잘라 그늘에 말려 주세요.

tip :) 두꺼운 종이를 잘라도 돼요.

4 아크릴 물감을 칠해서 충분히 말려 주세요.

tip :) 다양한 도형의 이름에 대해 알려 주세요.

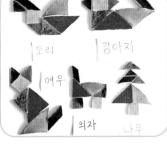

5 칠교로 여러 가지 모양을 만들어 보세요.

6 엄마가 만든 모양을 아이가 맞히고 한글 카드도 놓아 보세요.

tip :) 한글도 함께 익힐 수 있어요!

놀이 플러스

색깔 테이프를 이용해서 큰 천에 동그라미, 세모, 네모 모양을 만들어 주세요. 색칠한 병뚜껑을 도형 안에 던져서 들어가는 놀이를 하면 도형 학습효과도 있고 재미있어요!

17 나만의 어항

물고기 그림을 매달아 가벼운 어항을 만들어 보자!

놀이 연령
4세

클레이를 이용해 좋아하는 바다생물을 만들고, 그림도 그려서 나만의 어항을 만들어 보세요. 쓰지 않는 투명한 플라스틱 통을 재활용하면 아이의 상상을 담은 멋진 물고기 어항이 됩니다! 바닷가에서 주워온 조개껍데기를 넣어도 좋아요. 얼마나 재미있는 바다생물 어항을 만드는지 지켜볼까요?

이런 점이 좋아요

상상력을 키우고 손가락을
다양하게 표현할 수 있습니다.

준비물

플라스틱 통, ohp 필름지 1장, 네임펜,
실, 바늘, 테이프, 가위, 클레이, 조개

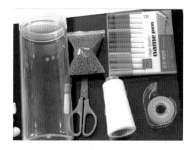

거북이랑 물고기
많이 그려야지~

1 네임펜을 이용해서 ohp 필름지에 다양한 바다생물을 그려 주세요.

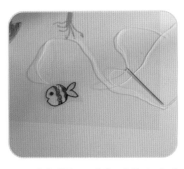

2 바다생물 그림을 가위로 오린 뒤 바늘을 이용해 실을 끼워 주세요.

꽃게도
넣고 싶어!

3 클레이로 다양한 바다생물을 만들어 주세요.

4 존은 소라 껍데기 안에 얼굴을 넣는 소라게를 만들었어요.

5 플라스틱 통 안에 클레이로 만든 바다생물과 조개 등을 넣어 주세요.

6 플라스틱 뚜껑에 실을 붙여 물고기가 떠 있는 것처럼 표현해 주세요.

7 통 겉면에는 네임펜으로 물고기를 더 그려서 장식해 주세요.

8 근사한 어항이 완성! 넓은 사각형 통에 만들면 더 다양한 생물을 넣을 수 있겠죠?

놀이 플러스

실을 이용해 실 팽이도 만들어 보세요. 종이 박스를 재활용해 네모, 동그라미 모양으로 자른 뒤 사인펜으로 그림을 그려요. 송곳으로 중간에 구멍을 2개 뚫어 실을 끼워 주면 완성!

 플레이콘 놀이

플레이콘으로 공룡과 공룡공원을 만들어 보자!

놀이 연령
4세

플레이콘은 옥수수 전분 가루로 만들었어요. 물이 있으면 서로 잘 붙기 때문에 아이가 원하는 모든 형태의 모양을 만들 수 있어요. 창의력 발달에 도움이 되지요. 스티로폼 재활용품을 이용해서 플레이콘 꽂기 놀이를 해 보세요. 만들기 활동을 통해 창의적 표현력과 심미감을 기를 수 있어요.

이런 점이 좋아요

소근육 발달 및 손의 조절 능력을
발달시킵니다.

준비물

플레이콘, 와이어,
이쑤시개, 스티로폼,
가위, 플라스틱 칼,
물

1 플레이콘을 만져보고 탐색해
보세요.

2 플레이콘에 물을 묻혀 붙여도
보고 이쑤시개에 꽂아 연결도
해 보세요.

3 스티로폼 판에 이쑤시개를 꽂
고 플레이콘을 꽂아 주세요.

코로나 바이러스
같은 모습이네?

4 이쑤시개를 계속 꽂으면 덩치
가 더 커져요!

5 와이어를 꽂아 스티로폼을 꽂
아도 좋아요.

tip :) 와이어는 펜치나 가위로 자른 뒤 끼
우면 돼요!

6 알록달록한 예쁜 공원이 완성
됐어요!

놀이 플러스

플레이콘에 물을 묻히면 서로 붙어요. 공룡, 나무 등을 만들어 보세요. 플라스틱 칼로 자르면 잘 잘려서 빈 공간에 쏙쏙 들어간답
니다!

 # 19 해파리 만들기

종이 접시를 이용해 해파리를 만들어 보자.

종이 접시를 이용해서 아이들이 좋아하는 바다생물 해파리를 만들어 보세요. 펀치로 구멍을 뚫는 것도 굉장히 재미있어 한답니다! 작은 구멍 안으로 실을 끼우는 정교한 작업과 풀칠하는 동작을 통해 눈과 손의 협응력도 발달해요. 스스로 하나의 작품을 만들고 나면 성취감과 자신감도 커진답니다! 만들 작품으로 역할 놀이를 하며 즐거운 시간을 보내 보세요!

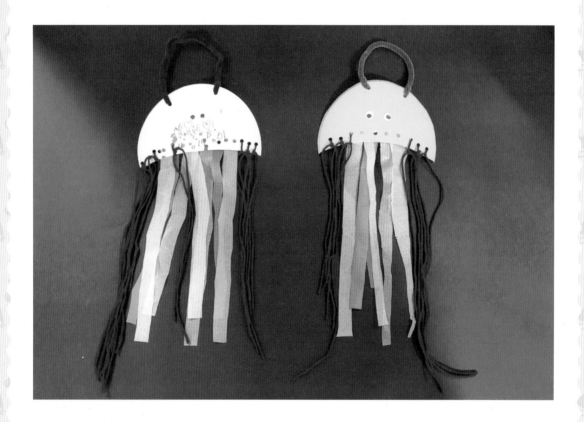

이런 점이 좋아요

나만의 장난감을 만들며 창의력을
키울 수 있어요!

준비물

펀치, 종이 접시, 모루,
습자지, 털실, 무빙 아이,
사인펜, 가위

1 노란색, 흰색 종이 접시를 달 모양으로 잘라 주세요.

2 흰색 종이 접시에는 사인펜으로 무늬를 그려 주세요.

3 눈알을 붙이고 아랫부분에는 펀치로 구멍을 여러 개 뚫어 주세요.

4 40cm로 자른 털실을 구멍 사이에 넣고 끝을 묶어 주세요.

tip :) 중간에서 묶으면 20cm 다리 2개가 돼요.

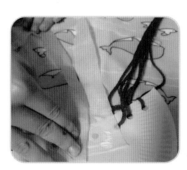

5 구멍 가운데 부분에는 목공풀을 이용해 습자지를 붙여 주세요.

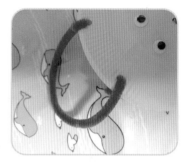

6 윗부분도 펀치로 구멍을 2개 뚫어 모루를 넣고 손잡이를 만들어 주세요. 해파리 형제 완성이에요!

놀이 플러스

종이컵 밑에 송곳으로 구멍을 내고 클립을 연결해서 단 후 맨 아래에는 방울을 달아 보세요. 소리 나는 종이컵 해파리가 됩니다. 청각을 자극하며 놀기에 좋아요.

20 택배 박스를 이용한 인형 극장

인형 놀이를 할 수 있는 극장을 만들어 보자!

전지를 이용해서 박스를 깨끗하게 덮어준 뒤 아이들이 좋아하는 인형 극장을 만들어 보세요. 아이가 좋아하는 이야기가 있다면 캐릭터를 프린트한 후 코팅해서 준비해 주세요. 아이스크림 막대기나 젓가락에 붙이면 인형극을 하며 놀기 아주 좋답니다. 아이가 목소리를 변조해가며 인형 놀이를 아주 재미있게 해요!

이런 점이 좋아요

인형극을 하며 다른 사람의 역할을 해보고, 상상력과 표현력이 커져요.

준비물

택배 상자, 전지, 색 도화지, 테이프, 가위, 끈, 펀치, 아이스크림 막대기(젓가락)

1 택배 상자 안쪽과 바깥쪽에 전지를 붙여 깨끗하게 만들어 주세요.

2 위쪽은 닫히지 않도록 종이와 테이프를 이용해 고정해 주세요.

3 아이가 좋아하는 캐릭터를 프린트한 뒤 코팅해 주세요.

tip :) 스케치북 등에 있는 그림을 오려 주어도 돼요.

4 캐릭터 그림을 아이스크림 막대기에 붙여 주세요.

tip :) 책을 보는 것보다 더 실감나게 놀 수 있어요.

5 색 도화지를 지그재그로 접고, 윗부분을 펀치에 넣어 구멍을 뚫어 주세요.

6 극장 윗부분에 끈을 연결해 색 도화지 구멍에 끈을 넣어 커튼처럼 만들어 주세요.

7 윗부분에 구멍을 뚫고 색깔 테이프로 테두리를 감싸 주세요.

8 인형 극장 완성! 재미있는 연극을 시작해 보세요!

놀이 플러스

박스 앞에 종이 포일을 붙이고 무대 뒤에 장난감을 두고 빛을 비추면 재미있는 그림자놀이를 할 수 있어요. 셀로판지는 색깔이 그대로 보여서 색깔 표현이 필요할 때 유용해요.

21 나만의 집

택배 박스로 3층 집을 만들어 보자!

택배 박스에 종이를 붙이고 마분지로 가구를 만들어요. 색종이로 색을 입히고 스티커도 붙이고 양말로 커튼도 만들고요. 이렇게 새로운 모형을 만드는 놀이는 아이들에게 형태에 대한 자극을 주고 관찰력을 풍부하게 키울 수 있답니다. 조그만 박스도 색종이를 붙이면 새로운 가구로 변신하면서 가구 모양과 특징을 알 수 있거든요. 자유롭게 상상력을 발휘해 보세요!

이런 점이 좋아요

구성능력을 키우고 집의 소중함을 알 수 있어요. 관찰력도 커지지요.

준비물

택배 박스, 전지, 색 도화지, 색종이, 마분지, 가위, 칼, 테이프, 목공풀, 은박지, LED 와이어 전구(생략 가능)

책꽂이라서 책이 많아!
옷장은 손잡이를
그려야지~

1 전지로 박스를 포장하고, 마분지를 이용해 칸을 나누고, 테이프로 단단히 고정한 뒤 뒷배경은 색 도화지로 꾸며 주세요.

2 작은 박스는 도화지로 포장하고 사인펜으로 가구 모양을 그려 주세요.

3 도화지를 잘라 주방 가구를 만들어 보세요. 은박지를 두른 식탁도 만들었어요.

4 1층에서 2층으로 올라가는 계단을 만들어 보세요.

5 마분지를 이용해서 화장실 물품을 만들고 거울도 붙여 주세요.

6 그림을 오려서 TV를 만들고 탁자와 소파도 만들어 주세요.

🎈 **놀이 플러스** ❄

7 양말을 잘라서 커튼을 만들고 마분지 침대 위에는 천 조각을 올려서 이불을 만들어 주세요.

8 LED 와이어 전구를 달았더니 멋진 집이 완성되었어요!

자동차를 세워 둘 수 있는 주차장도 만들 수 있어요. 작은 상자를 재활용하여 종이를 붙이고 칸을 만들면 장난감 정리함처럼 사용할 수도 있어요!

22 돌려 돌려~ 사탕이 와르르~

놀이 연령 4세+

미니 사탕 뽑기 기계를 만들어 보자!

아이들은 동전 넣고 뽑는 것을 아주 재미있어합니다. 집에서 사용하는 나만의 미니 사탕 뽑기 기계를 만들어 보세요. 사탕이 준비물이라는 말을 들으면 굉장히 좋아해요. 밥 잘 먹기, 장난감 정리하기 등 착한 일을 했을 때 뽑을 수 있다고 하면 동기부여 효과도 있어요. 휴지심을 돌리면 여러 구멍을 통과하여 아래로 나오는 것이 재미있어요.

 이런 점이 좋아요

재활용품으로 재미있는 장난감을 만들수 있다는 것을 알 수 있어요.

준비물

일회용 투명 컵(2개), 키친타월 심, 색종이, 테이프, 가위, 칼, 마커, 사탕, 리본 끈

1 플라스틱 컵 바닥 부분을 네모 모양으로 잘라 주세요.

tip :) 사탕이 통과될 정도의 크기여야 해요.

2 키친타월과 휴지심에 각각 직 사각형과 동그런 구멍을 2개 씩 만들고 사탕이 나오는 입구 도 가위로 잘라요.

3 테이프를 이용해서 플라스틱 컵 바닥이 맞닿게 하여 테이프 로 단단히 붙여 주세요.

4 키친타월 심에 마커로 색칠하 고 심 양쪽 끝은 색종이로 막 아 주세요.

5 손잡이가 될 키친타월 심을 플 라스틱 통에 넣어 주세요.

6 사탕을 가득 담고 뚜껑을 닫아 주세요.

7 손잡이를 돌리면 사탕이 또르 르 떨어져 나와요!

tip :) 뚜껑을 톡톡 치면 더 잘 떨어져요. 사탕이 너무 클 때에는 구멍을 더 크게 뚫 어 주세요.

8 휴지심과 종이컵으로도 만들 수 있어요! 리본을 붙여 주면 더 예뻐요!

23 투명 버스와 투명 돼지

배경이 바뀌는 재미있는 투명창을 만들어 보자!

놀이 연령
4세

호기심이 왕성한 아이들은 창 너머에 뭐가 있을지 궁금해 해요. 아이들이 관심 있어하는 버스와 동물을 그려 보세요. 아이들이 만들기 놀이에 적극적으로 참여해요. ohp 필름으로 투명한 창을 넣어 배경이 바뀌는 종이 버스를 만든 후 TV 화면, 나무, 조약돌, 건물 벽 등에 갖다 대어 보면 사물에 따라 배경이 달라져서 아이들이 굉장히 재미있어 해요!

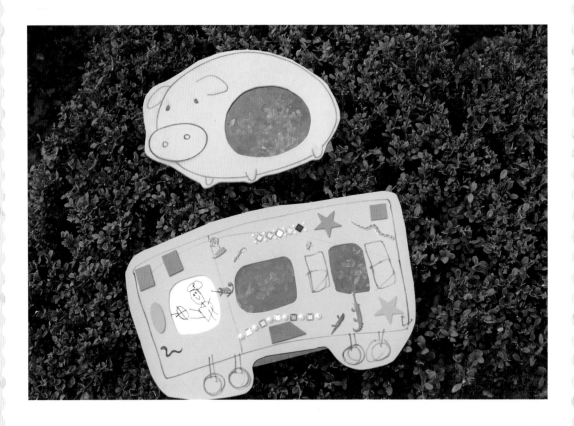

이런 점이 좋아요

투명한 창으로 사물을 보면서 관찰력을 키울 수 있어요!

준비물

eva지, ohp 필름, 만능 본드, 가위, 사인펜, 스티커, 도화지

종이와 다르게 푹신푹신해!

1 eva지 위에 버스 모양을 그려 주세요.

2 버스 그림을 자르고 창문 부분 도 잘라 주세요.

3 본드를 이용해 ohp 필름과 도화지를 창문 부분에 붙여 주세요.

4 도화지로 붙인 부분에 운전수 를 그려 주세요.

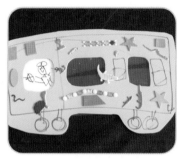

5 다양한 스티커를 붙이거나 사인펜으로 그림을 그려서 버스 를 꾸며 주세요.

6 밖에 나가 투명 버스 창문을 곳곳에 대해 변하는 모습을 관찰해 보세요.

24 코려 코려~ 구슬!
재활용품을 장난감으로 재탄생 시켜 보자!

놀이 연령
4세

요즘에는 마트에서 과일이나 채소를 사면 상자에 담겨 있는 경우가 많아요. 어떻게 활용하면 좋을까 생각하다가 구슬 미로를 만들어 보기로 했지요. 빨대를 붙이면 길이 되고 구슬이 잘 굴러다니니 아이가 아주 재미있어 했답니다! 만들기는 간단하니 함께 해 보세요. 구슬 여러 개를 넣어 데굴데굴 굴러가는 소리를 들으면 청각 자극도 할 수 있어요!

이런 점이 좋아요

재활용품으로도 멋진 장난감을 만들
수 있다는 것을 알게 되지요. 청각도
자극된답니다!

준비물

상자, 빨대, 글루건,
가위, 구슬, 물감, 붓,
띠골판지

1 빨대를 여러 가지 크기로 잘라 주세요.

2 빨대를 미로 모양으로 배치한 후 글루건으로 붙여 주세요.

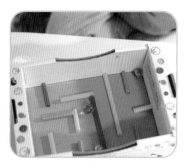

3 구슬이 잘 지나갈 수 있게 잘 붙었는지 확인해 보세요.

4 왼쪽은 출발, 오른쪽에는 도착 이라고 쓰고 구슬 놀이를 해 보세요!

5 구슬이 데굴데굴 굴러가는 모 습을 살펴보세요!

6 미로를 지나 구슬이 잘 도착했 네요!

7 상자를 물감으로 칠해준뒤 띠 골판지나 박스 여분 등을 잘라 글루건으로 붙이면 다른 느낌 의 구슬 미로가 된답니다!

🎈 놀이 플러스 ⚙

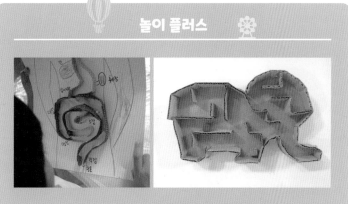

우리 몸 안의 소화기관을 그리고 띠 골판지를 붙인 후 구슬을 굴리면 '식도→위→ 소장→대장→항문'으로 소화되는 길을 알 수 있어요. 빈 박스로 코끼리 모양의 미 로도 만들어 보세요.

25 자동차 도로 위에서 빵빵

마분지로 글자 모양 도로를 만들어 보자!

아이들은 자동차 장난감을 정말 좋아해요! 도로 매트가 있으면 자동차 장난감을 가지고 더 신나게 놀 수 있답니다! 글자 모양으로 도로를 만들면 한글과 좀 더 친해질 기회가 되어서 학습 효과도 얻을 수 있겠지요. 글자도 만들어 보고 자동차 바퀴를 굴려 가며 유익한 놀이 시간을 보내 보세요!

이런 점이 좋아요

놀면서 한글의 자음과 모음을 알 수 있어요.

준비물

마분지, 물감, 붓, 가위, 연필

1 마분지를 한글 자음, 모음 모양으로 오려 주세요.

2 한글 자음, 모음 모양으로 자른 마분지를 검은색 물감으로 색칠해 주세요.

3 오린 후 검은색 물감으로 색칠한 한글 자음, 모음이랍니다!

4 자음과 모음에 칠한 검은색 물감이 마르면 흰색 물감으로 줄을 띄엄띄엄 그어 도로 느낌이 나도록 그려 보세요.

5 한글 도로 매트 위에서 자동차를 운전해 보세요.

6 도로 모양도 원하는 대로 변신시킬 수 있어요! 재미있게 놀아 보세요!

놀이 플러스

한글 쿠키를 만들어 보세요. 박력분 250g, 설탕 80g, 버터 50g, 달걀 1개, 소금 한꼬집을 섞은 뒤 반죽을 해 주세요. 밀대 등을 이용해서 균일한 두께로 민 후 한글 모양 쿠키 틀을 이용해서 180° 오븐에 15분 정도 구워주면 돼요. 틀이 없다면 막대 모양으로 잘라 글자 모양을 만들어도 괜찮아요. 초코칩을 넣으면 더 맛있지요!

Part

05

미술 감성과 과학적 이성을 동시에 자극하는
학습 놀이

아이들의 상상력을 자극하는 과학적 요소가 융합된 미술놀이를 하면 창의성과 사고력이 증진돼요. 우리 주변 가까이에 숨어 있는 과학 원리를 살펴보고 만들기로 체험해 보면 아이들의 호기심이 충족되어 더 유익하답니다!

 # 01 드라이아이스 놀이

색깔이 예쁜 연기를 감상해 보자!

드라이아이스는 이산화탄소를 압축·냉각해서 만든 고체이산화탄소라고 할 수 있어요. 그래서 실온에 두면 기체인 이산화탄소로 변화하면서 사라지는 특성이 있지요. 이렇게 고체가 기체로 변하는 것을 승화라고 하는데, 드라이아이스를 물에 넣으면 기포가 생기고 그게 터지면서 구름 같은 흰색 기체가 나오는 거랍니다. 물감을 넣어 색을 알록달록하게 하면 더 재미있어요!

 이런 점이 좋아요

고체에서 기체로 변화하는 것을 볼
수 있고 여러 가지 색과 형태를
감상할 수 있어요!

준비물

드라이아이스, 물, 세제,
물감, 빨대, 플라스틱 통,
장난감, 클레이(테이프)

1 컵의 1/3에 물을 담고 물감 한 방울, 세제 한 방울을 넣고 섞은 뒤 빨대로 후~ 불어서 거품을 만들어 주세요.

기분 좋은 느낌이야!

2 거품을 손으로 만져 보며 촉감을 느껴 보세요.

3 공룡 장난감을 가져와서 거품 목욕을 시키고 화산 폭발 놀이를 해 봤어요.

신기하다! 아이스크림 같아.

4 플라스틱 통에 드라이아이스와 세제를 넣어주면 거품이 올라와 재미있어요.

tip :) 드라이아이스는 뜨거우니 화상의 위험이 있어요. 꼭 엄마가 장갑을 끼고 넣어주세요.

연기가 나! 불을 꺼야 해!

5 존은 소방관 옷을 입고 소화기를 만들었어요!

tip :) 다른 플라스틱 뚜껑에 빨대를 끼운 뒤 클레이(테이프)로 구멍을 차단해 주세요.

6 통에 물과 드라이아이스를 넣어 보세요. 빨대로 연기가 나와요!

tip :) 【part4 만들기 편-21. 나만의 집】에서 만든 집에 불을 끄며 소방관 놀이를 했답니다!

놀이 플러스

물과 주방세제를 섞은 것에 물티슈를 충분히 적셔 주세요. 병에 뜨거운 물과 드라이아이스를 넣어 기체가 발생할 때 물티슈를 잡고 병 입구 앞에서 뒤까지 쭉 가면서 비눗방울을 만들어 주세요. 잠시 후 비눗방울이 아이스크림처럼 커지면 톡 터트려 보세요!

02 귀여운 모양 비누야~
알록달록 보석 같은 천연 비누를 만들어 보자!

놀이 연령
5세

손 씻기를 귀찮아하는 아이들이 있어요. 그럴 때 아이가 직접 자신만의 비누를 만들면 손 씻는 것을 재미있어 한답니다! 비누가 고온에서 녹고 저온에서 다시 응고되는 현상을 보며 물질의 변화를 관찰하고 호기심을 충족할 수도 있어요. 비누 표면에 기포가 생기면 에탄올을 뿌리는데 이때 기포의 표면장력을 떨어뜨려 기포가 제거되는 현상도 관찰할 수 있고요.

 이런 점이 좋아요

물질의 상태가 변하는 것을 보며
세정작용에 대해 알 수 있어요.
사진을 보며 다시 이야기를 나누면
인지능력이 발달 돼요.

준비물

투명 비누 베이스 200g, 모양틀,
종이컵, 나무막대, 식용색소,
글리세린, 전자레인지(냄비),
에탄올(생략 가능), 비타민E(생략
가능), 에센셜 오일(생략 가능)

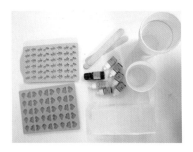

1 투명 비누 베이스를 종이컵에 넣고 전자레인지에 20초 간격으로 돌리며 녹았는지 확인해 주세요.

2 글리세린 한 방울, 식용색소 한 방울, 향을 위한 에센셜 오일 한 방울과 비타민E를 한 방울 넣은 후 막대기로 섞어요.

조심조심~

3 모양틀에 넣어주세요.

4 기포가 발생하는 곳에는 에탄올을 칙칙 뿌려 주세요.

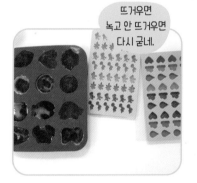

뜨거우면 녹고 안 뜨거우면 다시 굳네.

5 서늘하고 통풍이 잘 되는 곳에 20분 정도 두면 서서히 굳어 가는 것을 볼 수 있어요.

6 굳으면 틀에서 다 꺼내 보세요! 보석 같지요? 예쁜 비누 완성!

7 비닐랩에 띄우거나 통에 담아 보관하면 돼요.

tip :) 김 등에 들어 있는 습기 제거제를 함께 넣어두면 좋아요!

놀이 플러스

어성초 비누를 만들어 보세요. 비누 베이스를 녹안 뒤 색소와 오일 등을 넣고 어성초 가루를 섞으면 끝! 많이 저어주면 가루가 보이지 않고 조금만 저으면 가루가 보여서 아이들이 재미있어해요!
냄비에 녹일 때에는 약한 불에 저어가며 녹여 주세요. 65°~75° 사이를 유지해야 비누 유효 성분이 파괴되지 않아요.

03 자석으로 낚시를 해 봐요

자석의 힘을 이용해 낚시 놀이를 해 보자!

아이들은 자석 놀이를 아주 좋아해요! 자석은 철과 같은 금속을 끌어당기는 힘이 있기 때문에 그림에 클립을 달아 주면 자석 낚싯대에 잘 붙지요. 자석의 힘은 물속에서도 잘 통하기 때문에 낚시 놀이하기에 좋지요. 문어, 오징어, 물고기, 해파리 등 아이들이 좋아하는 물속 생물을 직접 그린 후 클립을 끼워보면 손가락 근육을 길러 주고 유익한 놀이가 될 거예요!

이런 점이 좋아요

낚시 놀이를 통해 손목, 팔근육, 손가락 근육을 고루 쓸 수 있고, 놀이를 하며 자석의 성질을 알 수 있어요

준비물

자석, ohp 필름, 실, 테이프, 네임펜, 플라스틱 트레이, 파란색 색소(물감), 물, 무빙 아이

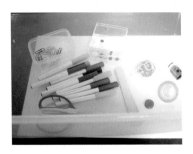

part 5 : 학습 놀이

1 자석에 클립을 달아 자석이 철과 같은 금속에 붙는다는 것을 알아 보세요.

2 네임펜으로 ohp 필름에 바다생물을 그려 주세요.

3 그린 바다생물에 무빙 아이를 붙여 주세요.

4 가위로 바다생물 그림을 오린 뒤 자석에 붙을 수 있도록 클립을 붙여 주세요.

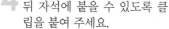

tip :) 큰 그림은 클립 두세 개 끼워도 돼요!

5 실 한 쪽에는 아이스크림 막대기를, 다른 한 쪽에는 자석을 붙여 주세요.

6 트레이에 클립 물고기를 넣고 잘 잡히는지 자석 낚싯대로 테스트 해 보세요.

7 물에 파란색 색소를 타서 파란색 물을 만든 후 플라스틱 트레이에 부어 주세요.

8 친구와 함께 낚시 놀이를 해 보세요! 누가 많이 잡았는지 내기를 하면 더 재미있겠죠?

놀이 플러스

검은색 도화지에 흰색 종이를 붙여 도로를 만들고 건물도 그려서 붙여 줬어요. 자동차를 만든뒤 자동차에 클립을 붙이고 검은 도화지 밑에 자석을 대서 움직여 보세요. 자동차가 같이 움직임을 관찰하면서 자석의 힘이 종이를 통과한다는 것을 알 수 있어요.

04 흔들면 소리가 나는 쌀 마라카스

소리의 진동을 알 수 있는 악기들을 만들어 보자!

쌀과 일회용 플라스틱 컵만 있으면 쉽게 만들 수 있는 마라카스를 만들어 보았어요. 아이는 "귀를 막으면 소리를 들을 수 없지요?"라고 하며 귀를 막네요! "우리 목소리는 성대가 떨리면서 나오는 거야. 소리가 나는 물건에 손을 대보면 떨림이 있지? 소리는 떨림 때문에 생기는 거야!"라고 알려 주면 호기심 가득한 눈을 반짝거립니다! 마라카스와 빨대 피리를 만들어 보세요.

 이런 점이 좋아요

직접 악기를 만들고 소리의 떨림을
알 수 있어요. 과학을 재미있게
체험할 수 있지요.

준비물

쌀 100g, 콩 50g,
플라스틱 커피 컵(2개),
테이프, 나무젓가락,
가위

와, 동글동글 굴러가네?

1 쌀과 콩을 만져보며 촉감을 느껴 보세요.

비 내리는 소리가 들려!

2 쌀을 일회용 컵 안에 넣으면서 소리를 들어 보세요.

3 2개의 일회용 컵 안에 콩을 나눠 넣어 주세요.

tip :) 콩 25g씩 넣으면 소리가 더 다양해져요.

4 일회용 컵 뚜껑을 닫고 테이프를 붙여 주세요.

5 나무젓가락을 끼운 부분도 흔들리지 않도록 테이프로 단단히 고정해 주세요.

6 두 개를 만들어 양손에 들고 신나게 흔들어 보세요!

놀이 플러스

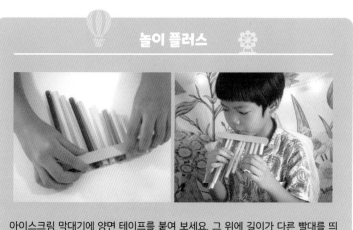

아이스크림 막대기에 양면 테이프를 붙여 보세요. 그 위에 길이가 다른 빨대를 띄엄띄엄 붙이고 그 위에 아이스크림 막대기를 붙여 주세요. 나만의 피리가 완성! 후후 불어 보며 소리를 들어 보세요!

05 색깔 우유를 퍼뜨리는 세제

키친타월에 우유로 마블링 그림을 만들어 보자!

우유와 세제를 이용해서 물감 마블링 효과를 줘 보세요. 우유는 우유끼리 뭉치는 표면장력 습성이 있는데 거기에 세제를 넣으면 뭉치는 것을 방해하면서 우유의 분자가 서로 흩어집니다. 색소를 넣으면 흩어짐이 더 잘 보이는데 여러 색이 섞여서 마블링 효과를 내는 것을 아이들은 아주 신기해한답니다! 그때 키친타월을 넣으면 우연의 효과로 예쁘게 물들어요.

 이런 점이 좋아요

우유의 표면장력에 의해 색깔이 변화되는 과정을 관찰할 수 있어요.

준비물

우유, 주방세제,
식용색소, 면봉,
키친타월, 트레이

1 트레이 바닥이 잠길 정도로 우유를 부어 주세요.

2 색소나 물감 한 방울을 떨어뜨린 후 면봉으로 저어 주세요.

와!
물감이 아름다워!

3 다른 색깔도 떨어뜨려서 색깔을 관찰해 보세요.

4 세제 한 방울을 떨어뜨려 보세요. 물감이 쭉 밀려나는 것을 볼 수 있어요.

5 여러 번 접은 키친타월을 넣어 끝 부분을 적셔 보세요.

6 반만 접은 키친타월을 절반 정도 넣어 적셔 보세요.

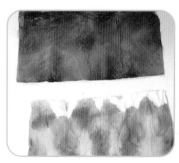

7 모양이 예쁘게 찍히지요? 펼친 후 그늘에서 하루 말려 주세요.

놀이 플러스

ohp 필름에 그림을 그려 그릇에 테이프로 붙여 주세요. 그 위에 후추를 가득 뿌린 뒤 세제를 묻힌 면봉을 대면 표면장력으로 인해 후추가 사라지고 그림이 보인답니다!

 **06 녹말의 점탄성**

녹말가루에 치아씨드를 넣고 재밌게 놀자!

 놀이 연령 3세+

감자전분이나 옥수수전분 등을 녹말가루라고 해요. 녹말가루 2:물 1의 비율로 넣으면 바로 고체처럼 단단해져서 끈적끈적 재미있는 상태가 됩니다. 녹말가루 반죽이 액체의 특성인 점성과 고체의 특성인 탄성을 동시에 갖고 있는데 이것을 점탄성이라고 하지요. 촉감을 느끼며 과학 성질을 알아보세요! 존은 치아씨드 가루와 색소를 더 넣어 즐거운 시간을 보냈답니다!

이런 점이 좋아요

자유로운 놀이로 창조적 발상을
경험할 수 있고, 녹말의 특성을 알
수 있어요.

준비물

감자전분(옥수수전분)
가루, 물, 색소,
치아씨드, 트레이,
젓가락, 장난감

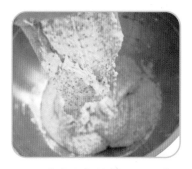

1 녹말가루와 물을 1:1로 넣고 색소 3방울을 떨어뜨려서 섞은 뒤 냉장고에 하루 넣어 두세요. 좀 더 단단해져요!

2 감자전분 가루를 트레이에 놓고 물을 뿌려서 섞어 주세요.

tip :) 물1과 가루2 비율이 좋고 딱딱하게 만들려면 물을 더 추가하면 돼요.

하얀 눈이다~

3 감자전분 가루로 눈 쌓인 마을 놀이를 해 보세요!

4 통에 물과 가루를 1:1로 넣은 후 숟가락을 넣어 보세요.

5 좋아하는 색깔의 색소를 뿌려서 물을 들여 보고, 치아씨드를 뿌려 보세요.

6 숟가락으로 치아씨드를 섞어 보고, 손으로 만져도 보세요.

괴물이다~ 냠냠!

7 하루 전 만들어 두었던 딱딱해진 녹말가루를 가져와서 같이 놀이를 해 보세요.

8 반지를 숨겨 두고 젓가락으로 찾아보기 놀이를 해 보세요.

놀이 플러스

노란색 색소 3방울에 검정색 색소 1방울을 섞어서 황토색을 만들어 주세요. 포클레인 등 자동차 장난감을 가지고 공사장 진흙 놀이를 하면 재미있어요!

 **07 사라지는 그림**

놀이 연령
4세

그림이 사라지는 신기한 전반사 놀이를 해 보자!

물에 넣으면 그림이 사라지는 마술 놀이를 해 보세요. 투명한 컵에 젓가락을 넣으면 젓가락이 꺾여 보이는데 그건 빛의 굴절 현상이고, 빛이 더이상 굴절되지 않고 표면에서 모든 빛이 반사되는 현상은 전반사인데 그것으로 그림이 보이지 않는 현상을 이용하는 것입니다. 실험을 통해 직접 해 보면 기억에 더 오래 남겠지요! 그림이 없어지는 과정을 통해 관찰력도 기를 수 있어요!

이런 점이 좋아요

그림이 사라지는 신기한 장면을 볼 수 있고 테두리 안쪽을 색칠하며 소근육과 손의 조절 능력이 발달해요.

준비물

색연필, 정리함 박스, 도화지, 지퍼백, 사인펜

1 그림을 그리거나 프린트한 후 색칠을 해 주세요.

tip :) 손의 조절 능력을 기르고 심미성을 가질 수 있어요!

2 색칠한 그림을 지퍼백 안에 넣어 주세요.

와! 과일이 사라졌네!

3 정리함에 물을 적당히 담은 후 지퍼백 안에 넣은 그림을 담가 보세요.

수박이 왜 안 보이지? 석류도 사라졌어!

4 여러 가지 그림을 넣어 보세요. 물에 담긴 부분이 보이지 않지요?

5 그림을 옆으로 넣어 봐도, 물에 닿은 부분 그림이 사라지는 것을 관찰해 보세요.

tip :) 전반사에 대해 간략하게 설명해 주면 이해를 쉽게 할 거예요!

놀이 플러스

영어 단어를 프린트해서 전반사 놀이를 해 보세요. 사라진 영어 단어를 올렸다 내렸다 하면서 영어를 익힐 수 있어요!

08 열기구 타고 구름 속으로 슝~

놀이 연령
4세

양초로 구름을 그린 후 물감을 바르니 구름이 보이네?

책을 읽다가 열기구가 나오는 장면을 봤어요. 타보고 싶어하는 아이를 위해 그림으로 만들어 보자고 했답니다! 종이컵으로 재미있는 열기구를 만들고 양초로 구름을 그린 뒤 파란색 색칠을 하면 구름이 얼굴을 내밀어요! 양초로 구름을 그릴 때는 보이지 않았는데 어떻게 된 걸까요? 양초는 기름 성분이라 물과 섞이지 않다는 것을 알 수 있어요!

이런 점이 좋아요

기름과 물은 섞이지 않는다는 걸
알 수 있어요.

준비물

양초, 도화지, 종이컵, 크레파스, 수채화
물감, 붓, 뽕뽕이, 글루건

1 종이컵을 반 자른 후 종이 위에 올려 놓고 열기구 모양을 그려 주세요. 한쪽은 뿅뿅이를 올리고 한쪽은 열기구를 색칠해요.

2 열기구에 태울 사람과 동물을 그린 후 오려 주세요.

tip :) 존은 애착 인형 코끼리를 그렸네요!

3 양초로 구름을 그려 주세요.

tip :) 힘껏 눌러서 꼼꼼히 칠해야 잘 나타나요.

4 글루건을 이용해 종이컵을 붙이고, 뿅뿅이를 붙여 주세요.

tip :) 글루건이 없을 경우, 만능 본드나 목공풀을 이용해도 돼요.

5 사람과 동물 등을 종이컵에 태워 주고 하늘에 구름을 그려 주세요.

> 물감을 칠하니 양초로 그린 구름 부분이 하얗게 나타나네?

6 수채화 물감으로 하늘과 종이컵 등을 색칠해 주세요.

> 인형과 같이 열기구 타니 너무 신나!

7 그림을 잘 말린 뒤 끈을 달아 벽에 전시해 주세요.

놀이 플러스

양초로 아이에게 해주고 싶은 글을 쓴 뒤 물감을 칠해 보라고 해 보세요. 글씨가 나타나면 마술이라고 아주 좋아한답니다! 컵에 분홍색 물감을 섞은 물을 넣은 뒤 식용유를 부어 보세요. 기름이 섞이지 않고 둥둥 떠 있는 것을 볼 수 있어요. 그 후 비눗물을 넣으면 다시 섞이는 과정도 볼 수 있답니다!

09 아이스크림 만드는 과학

소금을 이용하여 아이스크림을 만들어 보자!

지퍼백에 얼음과 소금을 넣어 온도를 낮추면 실온에서도 아이들이 좋아하는 아이스크림을 만들 수 있어요. 냉장고에 넣어서 만드는 것과 실온에서 만드는 것 두 가지를 비교해 보는 실험도 가능하답니다! 과일을 넣어서도 만들어 보세요. 다양한 맛도 느낄 수 있고, 직접 만드는 아이스크림이라 더 신이 난답니다! 창의력도 쑥쑥 커질 거예요!

이런 점이 좋아요

소금이 얼음과 만나면 온도가 낮아진다는 과학적 원리를 알 수 있어요!

준비물

얼음, 굵은 소금, 우유, 과일, 지퍼백 2장, 믹서기, 아이스크림 틀, 컵, 과자

1 지퍼백에 얼음을 넉넉히 넣고 굵은 소금도 비슷한 양만큼 넣어 주세요.

2 다른 지퍼백에 우유를 넣고 지퍼백 입구를 잘 막아준 후 얼음과 소금이 든 지퍼백 안에 넣고 흔들어 주세요.

와~ 아이스크림으로 변했네!

3 10분 정도 흔든 후 열어보면 우유가 얼어 있는 것을 볼 수 있어요!

맛있겠다~ 이건 몸에 좋은 아이스크림이네!

4 우유 100% 웰빙 아이스크림이 완성이에요!

tip :) 초코우유를 넣으면 초코아이스크림이 된답니다.

5 과일 아이스크림을 만들려면 믹서기에 과일과 물 약간을 넣어 간 후 컵에 담아 주세요.

tip :) 입구가 뾰족한 컵이 편해요!

6 갈은 과일을 아이스크림 틀에 넣어 주세요.

tip :) 종이컵에 넣고 아이스크림 막대기를 끼워도 돼요.

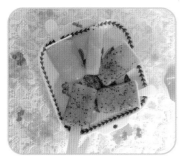

7 천연 과일 아이스크림이 완성되었어요! 색도 예쁘고 맛도 좋아요!

놀이 플러스

우유 1L에 생크림 250ml를 넣고 끓이다가 소금 한 꼬집, 설탕 1T를 넣고 기포가 생길 때 레몬즙을 넣어 주걱으로 한 바퀴 섞어 주세요. 그 후 젓지 않고 5분 정도 끓여준 뒤 면보에 깔아서 부어 주면 리코타 치즈가 완성돼요.

 # 보글보글 거품

베이킹소다와 식초로 거품을 만들어 보자

베이킹소다의 알칼리 성분과 식초의 산 성분이 만나 중화작용이 일어나는데 이때 거품과 함께 이산화탄소가 발생합니다. 아이들이 신기해하는 화산 폭발 같은 재미있는 현상을 볼 수 있어요! 식초만 뿌렸을 때보다 식초와 세제를 함께 뿌리면 더 큰 거품이 발생하는 것을 알 수 있어요. 냄비를 태웠을 때 물, 식초, 베이킹소다를 넣고 끓이면 깨끗해지는 것처럼 말이에요.

이런 점이 좋아요

식초와 베이킹소다의 특징을 알고 이산화탄소가 발생하는 이유를 알 수 있어요.

준비물

베이킹소다 1컵, 물감 1/2T, 물 3T, 주방세제, 식초, 실리콘 틀(종이컵), 빈 통, 트레이

1 베이킹소다 1컵에 물 3T, 물감 1/2T를 지퍼백에 담아 무지개색깔 베이킹소다를 만들어 주세요.

2 ①을 실리콘 틀에 넣어서 냉동실에 하루 얼리고 다음날 냉동실에서 꺼내면 차갑고 부드러운 촉감을 느낄 수 있어요.

3 식초를 담은 통과 식초와 주방세제를 담은 통을 준비해 주세요.

공룡들아~ 내가 목욕시켜줄게~

4 무지개색깔 베이킹소다 얼린 것을 꺼낸 후 식초를 뿌려 보세요.

tip :) 거품이 올라오는 게 이산화탄소가 발생하기 때문이라는 것을 알려 주세요.

폭신폭신 거품 느낌이 좋네!

5 식초의 냄새도 맡아 보고 가루와 거품도 만지면서 자유롭게 체험해 보세요.

세제를 뿌리니 거품이 더 많이 발생하네!

6 이번에는 식초와 주방세제 섞은 것을 무지개 색깔 베이킹소다 얼린 것에 뿌려 주세요.

tip :) 식초와 주방세제를 합친 것을 뿌리면 거품이 더 부글부글 올라와요.

놀이 플러스

페트병 1/3 정도 식초를 넣어 주세요. 그리고 깔대기를 이용해 풍선 안에 베이킹소다를 7ml 넣어 주세요. 페트병 입구에 풍선을 끼워 주면 입으로 분 것처럼 풍선이 커진답니다. 베이킹소다와 식초가 만나면서 화학반응이 일어나고 이산화탄소가 생성되어 풍선이 팽창되는 것을 알 수 있어요!

11 뚱뚱해진 라텍스 장갑

놀이 연령
4세

라텍스 장갑을 변신시키는 놀이를 해 보자!

종이컵에 라텍스 장갑을 연결해서 불면 뚱뚱해져서 귀여운 풍선 인형을 만들 수 있어요. 빨대를 통해 장갑 안으로 공기가 들어가서 부푼다는 성질도 배울 수 있지요. 또 종이컵 구멍을 잘 막지 않아 틈이 생기면 공기가 빠져나가서 라텍스 장갑이 원래의 상태로 돌아가는 것도 볼 수 있어서 원래의 상태일 때와 뚱뚱해졌을 때의 차이를 촉각과 시각으로 알 수 있어요.

이런 점이 좋아요

공기의 이동으로 물체의 변화를
알고 즐거움을 가질 수 있어요.

준비물

종이컵, 라텍스 장갑
2장, 테이프, 가위,
네임펜(사인펜)

1 라텍스 장갑에 얼굴 그림을 그리고 종이컵에 씌워 주세요.

2 테이프로 단단히 고정해 준 뒤 종이컵 아랫부분에 송곳이나 연필로 구멍을 뚫어 주세요.

우와! 장갑이 커지네?

3 구멍에 빨대를 넣은 후 바람을 후~ 불어 넣어 주세요. 풍선처럼 부풀지요?

4 재빨리 종이컵 구멍에 테이프를 단단히 붙여 주세요.

tip :) 종이컵에 틈이 생겨 공기가 새어나가면 라텍스 장갑이 줄어들어요.

5 귀여운 장갑 풍선이 완성!

tip :) 라텍스 장갑이 없을 때 풍선을 활용하면 좋아요.

 놀이 플러스

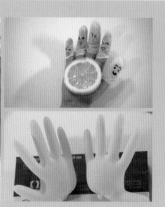

상자와 라텍스 장갑을 활용하면 숫자 놀이를 할 수 있어요. 장갑을 불어 묶은 뒤 상자에 두 개의 구멍을 내어 장갑을 꽂아 주세요. 손가락을 접어 가며 숫자를 세어 보고 촉감도 느껴 보세요! 라텍스 장갑 끝을 잘라 얼굴을 그린 뒤 손가락에 끼우면 가족 인형 놀이도 할 수 있어요.

라텍스 장갑에 우유를 넣은 뒤 바늘로 구멍을 뚫어 젖소 젖짜기 놀이도 할 수 있어요. 아이들은 계속 하자고 조르는 놀이랍니다! 우유를 더 잘 먹게 되는 계기도 되지요!

12 움직이는 케이블카

나사의 원리를 이용해서 케이블카를 만들어 보자!

집에 있는 가구 중에 나사로 조립된 것을 찾아 보세요! 책장, 테이블, 의자 등 정말 많죠! 아이들은 나사가 홈에 들어가 꽉 맞물리는 것, 빙글빙글 돌아가며 나오는 것 등에 굉장히 신기해 한답니다. 나사 모양대로 줄을 만들어 케이블카를 만들어 보기로 했어요. 박스와 우유팩으로도 얼마든지 장난감을 만들 수 있고, 케이블카 줄을 나사처럼 돌아가게 만들면 이동도 가능해요!

 이런 점이 좋아요

재활용품으로 장난감을 만들며 나사의 원리를 알 수 있어요.

준비물

우유팩, 박스, 와이어, 테이프, 칼, 가위, 둥글고 긴 막대기 또는 빨대 2개, 송곳. 도화지, 색연필

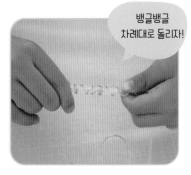

1 긴 막대에 와이어를 빙글빙글 감아서 나선을 만들어 주세요.

2 박스 앞면을 칼로 잘라내고 막대를 끼울 부분에 송곳으로 구멍을 낸 뒤 연필을 넣어 막대 구멍만큼 뚫어 주세요.

3 와이어를 감은 막대를 넣어 빙글빙글 나사처럼 돌아가며 이동하는 것을 테스트해 보세요.

4 우유팩 윗부분을 잘라내고, 양 옆에 구멍을 뚫어 왼쪽 오른쪽에 고리를 연결해 주세요.

5 공주님을 그리고 색칠을 해 주세요.

6 우유팩 케이블카에 공주님을 태우고 이동해 주세요. 진짜 움직이는 게 신기하지요?

놀이 플러스

빈 박스에 눈 부분을 뚫어 주고 이마 부분에 요거트 통을 붙여 주세요. 귀 부분에는 비타민 통을, 머리 위에는 요구르트 통, 로션 통 등을 붙여 주세요. 삐리삐리 로봇 완성! 전구를 단 후 불을 켜 보면 진짜 외계인 같지요?

13 구름에서 비가 내려

쉐이빙 폼을 가지고 논 후 비를 내려 놓고 형광색 놀이도 해 보자!

아이는 비가 어떻게 오는지 궁금해할 때가 있어요. 아빠가 쓰는 쉐이빙 폼을 구름, 물감을 비라고 한 뒤 실험을 해 보세요. 색깔 비가 내리는 모습을 정말 재미있게 본답니다. 비타민B2 가루가 있다면 놀이 후 쉐이빙 폼에 가루를 만들어서 뿌려 보세요. 형광색으로 빛나는 것을 볼 수 있어요. 호기심을 자극하여 놀이 집중력을 키워 준답니다!

 이런 점이 좋아요

시각적 자극을 통해 뇌를 발달시켜 주고 비가 내리는 원리를 자연스럽게 알게 돼요.

준비물

쉐이빙 폼, 투명
수납 정리함, 유리컵,
비타민B2 가루, 약통,
색소(물감), 블랙라이트

1 투명 컵에 물을 반 정도 채우고 그 위에 쉐이빙 폼을 짜 주세요.

2 약통에 물과 색소 1방울을 넣은 후 쉐이빙 폼 위에 한 방울씩 천천히 떨어뜨려 보세요.

3 색깔 비가 되어 내리는 것을 관찰해 보세요.

구름을 만져 보자~

4 투명 수납 정리함에 쉐이빙 폼을 마구 짜보세요.

5 쉐이빙 폼에 색소를 넣어서 색깔이 변하는 것을 봐도 좋아요.

6 두 가지 색 이상을 떨어뜨린 후 어떤 색으로 변하는지도 보세요.

우와! 야광이네?

7 비타민B2 가루를 뿌린 후 불을 끄고 블랙 라이트를 비춰 보세요.

tip :) 시중에서 파는 형광 가루에는 소량의 방사능물질이 있습니다. 비타민B2 가루를 이용해서 야광 놀이를 하면 안전해요!

놀이 플러스

비타민B2 가루를 물에 넣어 섞은 뒤 얼려 주세요. 얼음이 된 것을 꺼낸 뒤 블랙라이트를 비춰 보면 얼음이 야광으로 녹는 것을 관찰할 수 있어요. 라면은 밀가루로 만들지만 노란색을 띄는 이유가 비타민B2를 소량 넣기 때문이래요!

14 개구리알 수정토

물을 흡수해서 쑤욱 커지는 수정토를 만져 보자!

아이들이 좋아하는 알록달록한 수정토는 개구리알이라고도 불러요. 수정토는 본래 자기 무게보다 수십~수백 배까지 물을 흡수할 수 있는데 이것을 고흡수성수지라고 해요. 비닐에 넣으면 색깔 손이 되고, 풍선에 넣으면 장난감이 되고, 화분에 넣으면 물을 공급해 주어요. 웬만한 압력에는 물을 방출하지 않기 때문에 먹으면 위험하니 반드시 어른이 함께 지켜봐야 합니다.

이런 점이 좋아요

수정토와 고흡수성 수지성분이 물을 흡수하는 특징을 알 수 있어요

준비물

수정토, 장난감, 비닐장갑, 실리콘 틀(종이컵), 물

1 쌀 크기의 수정토를 만져본 뒤 수정토에 물을 부어 점점 커지는 것을 관찰해 보세요.

2 실리콘 틀에 물과 장난감을 넣어 얼려둔 것을 수정토에 담아 보세요.

tip :) 수정토가 커지는 것을 볼 수 있어요!

3 체망에 수정토를 올려 놓고 통통 튕겨 보고 손으로 만져서 촉감도 느껴 보세요.

4 소꿉놀이 장난감을 이용해서 신나게 놀아도 좋아요!

5 비닐장갑에 수정토를 넣어 보세요. 만지면 물컹거리는 장난감이 돼요!

6 연못을 꾸미고 수정토로 개구리알 놀이도 해 주었어요.

7 놀이가 끝나면 햇볕에 바짝 말리거나 소금을 뿌려 놓으세요. 삼투압 현상으로 인해 수정토가 줄어들어요.

🎡 놀이 플러스 🎡

풍선 안에 수정토를 넣어 묶어 주세요. 조물조물 만질 때마다 느낌이 신기할 거예요. 아이들 스트레스 해소 효과도 있답니다. 물 안에서 풍선 안에 있는 수정토를 빼 보세요. 수정토가 하나씩 올라오는 모양이 정말 재미있어요!

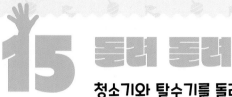

15 돌려 돌려

청소기와 탈수기를 돌려 무늬를 만들어 보자!

돌아가는 청소기에 종이를 붙이고 사인펜을 대면 저절로 원이 그려져요. 아이들이 정말 신기해하죠! 동그란 모양으로 무얼 그릴까 생각하면 상상력도 커져요! 채소 탈수기에 물감을 짜 넣고 돌려서 구심력과 원심력에 의한 무늬를 관찰해 보세요. 스핀 아트 기법도 함께 체험해 볼 수 있답니다! 같은 사람이, 같은 재료로 해도 항상 다른 모양이 나와서 매력적이에요!

 이런 점이 좋아요

구심력과 원심력에 의한 우연의
효과를 체험하며 상상력과
표현력이 늘어나요!

준비물

색 도화지, 가위, 테이프,
물걸레 청소기, 채소
탈수기, 사인펜, 물감,
CD(1장)

1 원을 그려 오려준 뒤 물걸레 청소기에 테이프로 붙이고 사인펜을 종이에 댄 후 청소기를 작동시키면 원이 그려져요!

2 색깔을 바꿔 중심에서 밖으로 왔다갔다 이동해 그려 보세요.

tip :) 채소 탈수기나 상자에 놓고 할 때에는 물감을 이용해도 재미있어요.

달팽이 얼굴을 그릴래~

3 원이 그려진 종이를 떼어내서 동물이나 가구 등을 그려 보세요.

4 채소 탈수기 안에 원 모양으로 자른 종이를 넣고 물감을 짜 보세요.

5 탈수기 뚜껑을 닫고 힘껏 돌려 보세요.

와~ 물감이 퍼져나 갔네! 예쁘다~

6 뚜껑을 열면 무늬가 생겼지요? 구심력과 원심력으로 인해 물감이 퍼져나가서 생긴 거예요!

7 여러 작품을 만들어서 가랜더를 만들어 보았어요! 꽤 근사하지요?

tip :) 종이를 하트, 나비 모양 등으로 잘라서 무늬를 만든 뒤 그늘에 말려서 사용하세요.

놀이 플러스

색종이로 가랜더를 만들어 보세요. 색종이를 여러 번 접은 후 가위로 자유롭게 자른 후 펼치면 다양한 무늬가 나타나요! 줄을 끼우면 우리집을 분위기 있게 바꿔줄 멋진 가랜더가 완성!

16 치카치카 이를 닦자

사자 이빨에 바글바글한 충치균을 없애 보자!

놀이 연령 4세

양치를 하지 않으면 입안의 음식과 세균이 만나 충치가 생기지요. 치아를 닦으면 벌레 그림이 사라지는 놀이를 해 보세요. 올바른 위생 습관을 가질 수 있어요. 앞니, 어금니, 송곳니 등의 이름과 역할을 알아보고 구석구석 꼼꼼히 닦아야 충치균이 없어지는 것을 재미있게 알아볼 수 있답니다! 뽀득뽀득 깨끗하게 이 닦기를 해 보세요!

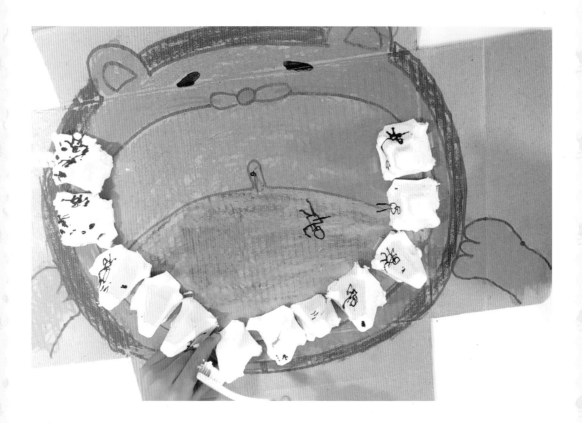

이런 점이 좋아요

이 닦는 방법을 익히고, 내 몸의
소중함을 알 수 있어요!

준비물

택배 박스, 달걀판,
칫솔, 물감(흰색),
사인펜, 가위, 크레파스,
만능 본드(글루건)

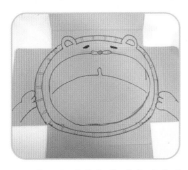

1 박스를 펼쳐서 입 벌린 사자의 모습을 그려 주세요.

사자야~ 내가 예쁘게 꾸며 줄게!

2 크레파스로 사자 얼굴과 입안을 색칠해 주세요.

사탕을 많이 먹어서 벌레가 많아!

3 달걀판을 하나씩 잘라서 사자 입안에 붙여 주세요. 그리고 검정 사인펜으로 충치균 벌레를 군데군데 그려 주세요.

충치 벌레야, 없어져라, 얍!

4 흰색 물감을 짜서 칫솔에 묻힌 뒤 사자 이빨을 닦으며 충치균을 지워 보세요.

이제 깨끗해졌다!

5 이빨 구석구석 꼼꼼히 칫솔질을 해서 충치균을 모두 없애 주세요.

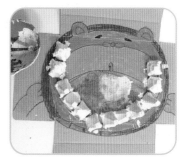

6 혓바닥까지 칫솔질을 해주면 양치 끝!

놀이 플러스

자작나무에서 추출해서 설탕처럼 달콤하지만 충치 균을 없애주는 자일리톨 사탕을 만들어 보세요. 냄비에 자일리톨 가루를 약불로 녹인 후 실리콘 틀에 담아 굳히면 된답니다. 식용색소를 이용해서 색을 내도 좋아요.

17 버블버블 입욕제
거품이 나는 목욕놀이~ 천연 입욕제를 만들어 보자

놀이 연령
5세

아이들은 거품으로 목욕하는 것을 좋아하지요. 계면활성제인 SLSA를 넣지 않고 베이킹소다와 구연산을 이용하여 천연 입욕제를 만들어 봤어요. 베이킹소다와 구연산을 섞으면 이산화탄소가 생기고 물이 닿으면 거품이 보글거리는 것을 체험할 수 있답니다! 이산화탄소가 터질 때 피부를 부드럽게 자극해서 혈액순환에도 도움이 돼요!.

 이런 점이 좋아요

과학의 원리를 시각적으로 느끼며 스트레스를 해소할 수 있어요!

준비물

베이킹소다 120g, 옥수수전분 30g,
구연산 60g, 코코베타인 25g,
글리세린 5g, 에센셜 오일 5방울,
전자저울, 체망, 큰 볼, 티스푼,
비닐장갑, 실리콘 틀(종이컵), 쟁반

1 저울로 가루류를 계량해 큰 볼에 넣어 주세요.

tip :) 아이가 스스로 해 보는 것에 큰 재미를 느낀답니다!

2 가루를 체에 거르며 촉감을 느껴 보세요.

tip :) 숟가락으로 덩어리를 잘 풀어주면 체에 거르지 않아도 돼요.

3 코코베타인을 가루류에 넣어 섞어 주세요.

tip :) 피부가 예민하다면 비닐장갑을 착용해 주세요.

4 글리세린과 에센셜 오일도 넣어 섞어 주세요.

tip :) 반죽을 뭉쳐봤을 때 잘 뭉쳐지면 준비가 다 된 거예요.

5 모양틀에 조금씩 넣어 꾹꾹 누르면서 담아 주세요.

6 실온에 3시간 이상 두어서 굳힌 후 꺼내면 입욕제 완성!

tip :) 크린랩으로 하나씩 포장한 뒤에 통에 넣어서 보관하면 좋아요.

7 세면대에서 거품을 내 보세요.

tip :) 입욕제를 놓은 후 위에서 물을 세게 틀면 거품이 잘 나와요!

8 장난감을 들고 거품 놀이를 하면서 재미있게 놀아 보세요!

 # 관절 종이 인형

우리 몸을 알 수 있는 관절 종이 인형을 만들어 보자!

관절 부분을 할핀으로 연결해서 움직이는 종이 인형을 만들어 보세요. 우리 몸에 관절이 있어서 팔, 다리, 목 등이 움직일 수 있다는 것을 쉽게 알 수 있어요. 뼈와 뼈가 만나는 관절은 우리 몸을 자유롭게 움직이게 하는 거라고 설명하고 함께 만들어 보면 아이들은 금세 이해한답니다! 종이를 오리고, 색칠을 하다 보면 손과 눈의 협응력이 발달되어 더욱 좋답니다!

이런 점이 좋아요

관절과 뼈에 대한 호기심을 충족시킬 수 있어요.

준비물

마분지, 사인펜, 가위, 가시메 리벳(할핀), 송곳, 연필

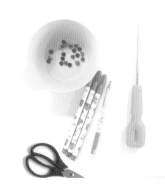

1 마분지에 얼굴, 팔, 다리, 손, 발을 그려 주세요.

재미있는 색칠 시간!

2 색연필로 색칠을 해 주세요.

3 옷에 무늬도 넣어서 그려 주세요.

4 송곳으로 구멍을 뚫어 주세요.
tip :) 송곳 대신 펀치로 뚫어도 돼요!

5 몸과 몸이 연결되는 곳에 가시메 리벳을 끼워 주세요.
tip :) 부분이 모여서 전체가 되는 것과 우리 몸에 관절이 있는 것을 설명해 주세요!

6 목, 어깨, 팔, 다리, 무릎 등 관절이 있는 곳에 가시메 리벳을 끼워서 연결하면 움직이는 종이 인형이 완성!

놀이 플러스

뼈가 나온 책을 보고 뼈 그림을 따라 그린 후 가시메 리벳을 붙여 주면 뼈가 움직여서 인체에 대해 이해하기 쉬워요. 신생아일 때에는 약 450개의 뼈가 있는데 자라면서 점점 합쳐지고 어른이 되면 206개가 되어요! 아이들이 좋아하는 공룡도 만들어 보세요. 사람처럼 관절이 있어서 목과 다리가 움직이는 것을 표현할 수 있답니다. 꼬리가 움직이는 종이 공룡으로 역할 놀이를 하면 정말 재미있어요!

 **19 해님 바람개비 후후~**

해님 바람개비를 만들어 빨대로 불어보자!

호기심이 왕성한 아이들은 책을 읽고 아는 것도 좋지만 직접 만들어 보면 기억에 더 오래 남아서 효과가 좋아요. 해님 모양 바람개비를 만들어 창문 밖으로 대고 불어 보세요. 빨대에 손바닥을 대고 후~ 불면 바람이 빨대를 통해 손바닥에 전해져서 시원해지는 촉감을 느껴 보세요. 빨대를 놓고 부는 방향에 따라 바람의 방향도 바뀐다는 것을 알 수 있어요!

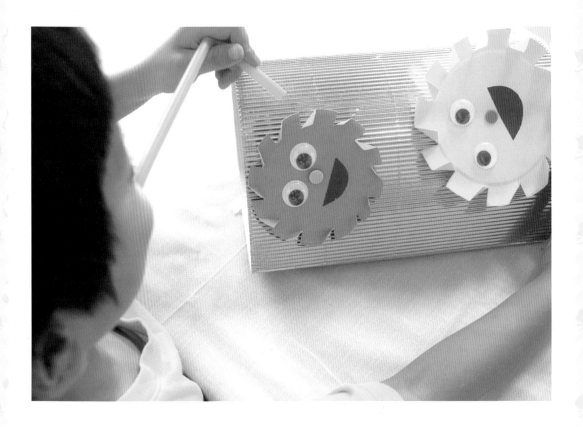

이런 점이 좋아요

바람의 특징에 대해 재미있게 알 수 있어요!

준비물

일회용 접시, 두꺼운 종이, 가위, 무빙 아이, 본드, 빨대, 색종이, 압정(할핀)

1 일회용 접시에 동그랗게 원을 그리고 2~3cm 간격으로 칼집 낼 곳도 그려 주세요.

2 원을 가위로 자르고 칼집 부분도 잘라 주세요.

3 칼집 부분은 한쪽 방향으로 접고, 눈알과 입 모양 색종이를 붙여서 해님을 만들어 주세요.

4 골판지 종이를 밑부분끼리 테이프를 붙여서 고정해 주세요.

tip :) 사각형이나 반원형 모양으로 만들어도 좋아요!

5 해님을 골판지 종이에 고정해 주세요. 코 부분에 압정으로 누르면 돼요!

6 빨대로 바람을 불어 보세요. 해님이 돌아가지요?

tip :) 빨대 방향에 따라 해님이 도는 방향이 달라지는 것을 알 수 있어요!

놀이 플러스

자석, 나사, 아이스크림 막대기, 양면테이프, 클레이를 준비해 주세요. 해님 모양 종이 위에 클레이를 붙여 못을 고정하고 아이스크림 막대기에는 자석을 달아 주세요. 못과 자석이 착 붙는답니다. 입으로 후~ 불어 주면 해님이 뱅글뱅글 돌아가는 것도 볼 수 있어요!

20 정전기 놀이

풍선을 머리에 비비면 어떻게 될까?

놀이 연령
5세

겨울이 되면 옷을 갈아입거나 무심코 스친 손에서 찌릿한 경험을 할 때가 있어요. 바로 마찰 전기 때문이지요. 물체를 머리에 문질러 보세요. 마찰열이 발생하지요? 이 열에너지가 한 물체에서 다른 물체로 이동하는 데 이때 정전기가 발생해서 찌릿하고 따끔한 경험을 하는 거랍니다! 아이들이 좋아하는 풍선으로 정전기 실험을 해 보세요! 웃음이 팡팡 터져요!

이런 점이 좋아요

풍선을 가지고 놀며 정전기의 특징을
알 수 있어요!

준비물

풍선, 페트병,
습자지(색종이), 가위,
사인펜, 접시

재미있다!

1 풍선을 머리에 비벼서 정전기를 만들어 주세요.

2 정전기가 만들어 지면 머리카락이 올라와요!

3 습자지나 색종이를 가위로 잘라 주세요.

4 페트병에 자른 습자지를 넣어 주세요.

우와~ 신기하다!

5 머리에 비빈 풍선을 대면 습자지가 올라오는 것을 볼 수 있어요!

공룡한테 색깔 비가 내리는 것 같아!

6 풍선에 그림을 그린 뒤에 머리에 문질러 습자지에 대어 보세요. 정전기 때문에 습자지가 풍선에 붙지요?

놀이 플러스

접시에 후추와 가는소금을 뿌려 섞은 뒤 소금과 후추를 분리하는 실험을 해 보세요. 머리카락에 풍선을 비빈 후 소금과 후추에 대어 보세요. 풍선에서 일으켜진 정전기의 힘 때문에 가벼운 후추는 풍선에 달라붙지만 소금은 무거워서 달라붙지 않는 것을 볼 수 있어요!

21 동력배 놀이
물 위를 힘차게 나가는 고무줄의 힘을 알아 보자!

페트병과 고무줄을 이용해서 아이들이 좋아하는 배를 만들어 보세요. 탄성을 이용해 스스로 갈 수 있는 배라서 더 좋아한답니다! 탄성이란 고무줄이 늘어났다 줄어들고, 또는 꼬였다 풀렸다 하는 것을 말해요. 고무줄을 감아놓았다가 풀리면 빙글빙글 돌면서 앞으로 가는 원리이지요. 직접 배를 만들어서 물 위에 띄워 보면 과학의 원리까지 스스로 깨달으며 창의력이 커져요!

이런 점이 좋아요

재활용 장난감을 가지고 놀면서
동력을 체험할 수 있어요!

준비물

우드락, 페트병, 고무줄,
어묵 꼬챙이(나무젓가락),
아이스크림 막대기, 테이프

1 작은 페트병에 고무줄을 여러 개 끼우고 양옆으로 어묵 꼬챙이를 끼워 주세요.

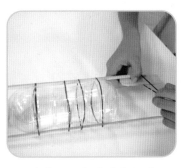

2 아이스크림 막대기를 반으로 갈라 막대 사이에 고무줄을 넣고 막대기 끝을 테이프로 고정한 후 어묵 꼬챙이 끝에 끼워요.

3 고무줄을 돌돌돌 말아서 잘 돌아가는지 확인해 보세요.

tip :) 고무줄이 돌아갈 때 페트병에 걸리지 않도록 페트병과 거리를 두어야 해요!

4 가려는 방향과 반대로 고무줄을 감아 물 위에 배를 띄워 보세요. 고무줄이 풀리면서 동력에 힘을 줍니다.

5 우드락을 배 모양으로 자르고 양쪽 기둥 부분에 고무줄을 묶은 뒤 중간에 사각형 우드락 부분을 뱅글뱅글 감아 주세요.

6 프로펠러를 많이 감고, 물에 닿을 때 살짝 놓아주면 감았던 고무줄이 풀리면서 배가 더 잘 나아간답니다!

7 두 가지 배를 띄워 보고 속도를 비교해 보세요.

tip :) 플라스틱 배는 느리게 천천히 가고, 우드락 배는 아주 빨리 가는 것을 볼 수 있어요.

놀이 플러스

채소가 담긴 스티로폼을 재활용해 배 모양으로 자른 뒤 뒤에 빨대를 잘라 끼워 넣어 주세요. 빨대 안에 치약을 짜서 넣고 물 위에 놓으면 치약의 계면활성제 성분으로 인해 배가 앞으로 쭉 나아가요. 물은 물 분자끼리 끌어당기는 힘이 있는데 가벼운 계면활성제가 들어오면 그 힘이 깨져서 물이 넓게 퍼지게 되어 배가 움직여 앞으로 나아가는 거랍니다!

22 슝~ 날아가는 물고기

놀이 연령
5세

고무줄의 탄성을 이용해 날아가는 물고기를 만들자!

고무줄과 종이컵으로 물고기를 만들고 날아가는 놀이를 해 보세요. 고무줄의 탄성으로 물고기가 하늘로 올라가서 아이들이 흥미로워한답니다! 탄성이란 고무줄이 늘어났다 줄어들었다 하는 성질입니다. 외부의 힘에 의해 변형된 물체가 이 힘이 제거되었을 때 원래의 상태로 돌아가려고 하지요. 고무줄 탄성의 원리를 체험해 보는 유익한 시간을 가져 보세요!

이런 점이 좋아요

고무줄이 가진 탄성의 원리를
체험해 볼 수 있어요!

준비물

색종이, 고무줄, 가위,
모루, 무빙 아이, 종이컵,
목공풀

1 분홍색 종이에 물고기 입을 그린 뒤 가위로 오려 주세요.

tip :) 고무줄과 고무장갑을 늘려보며 탄성에 대해 이야기해 주세요.

2 파란색 종이를 반을 접어 아가미를 2개 그린 뒤 오려서 총 4개를 만들어 주세요.

3 종이컵을 마주 보게 한 후 테이프로 붙여 주고, 입, 아가미, 눈을 붙여 주세요. 모루도 붙여서 꾸며 주세요.

4 종이컵 윗부분을 네 군데에 가위집을 내어 고무줄 한 개를 끼우고, 중간에서 꼬아 반대쪽에도 끼워 주세요.

tip :) 가위집을 더 많이 내어서 고무줄을 여러 개 끼우면 더 튼튼해져요!

5 파란색 종이컵 위에 아까 만들어 두었던 물고기를 올려 고무줄에 대고 내려 보세요.

신기해!

6 물고기가 슝~ 올라갔다 내려왔네요! 재미있지요?

놀이 플러스

종이컵을 높이 쌓아 종이컵 탑을 만들어 보세요. 나만의 성을 쌓았다고 성취감을 느끼며 좋아하고 와르르 무너져도 깔깔 즐거워하며 반복해서 쌓고 잘 논답니다. 어린아이는 틈 사이로 가끔 놀이를 해도 재밌겠지요.

23 저절로 펼쳐지는 꽃

물에 닿으면 펼쳐지는 종이꽃을 만들어 보자!

놀이 연령
5세

색종이를 꽃 모양으로 오려서 꽃잎을 접은 뒤 물에 담그면 접은 꽃 안으로 물이 들어가면서 하나씩 펴지는 모습을 볼 수 있답니다. 물에 닿으면 저절로 펴지는 이유는 모세관 현상 때문인데요, 물의 표면장력 때문에 종이에 물이 스며들고 종이의 관을 통해 끝까지 물이 올라가는 것을 말합니다. 종이에 있는 가늘고 작은 관을 타고 일어나는 현상이어서 모세관 현상이라고 불러요!

이런 점이 좋아요

꽃잎이 변화하는 과정을 보며 즐겁게 모세관 현상을 알 수 있어요!

준비물

색종이, 습자지, 연필, 가위, 넓은 그릇, 물

1 색종이와 습자지에 각각 병뚜껑 등을 대고 원을 그리고 이파리도 그려 주세요. 원 안에는 글자를 써 주세요.

2 색종이와 습자지를 가위로 잘라 주세요.

종이가 얇으면 빨리 퍼진다고? 실험해 보자!

3 넓은 그릇에 물을 담고 접어둔 종이를 담가 주세요.

4 펼쳐진 꽃잎 안에 무슨 글자가 적혀 있는지 읽어 보세요!

이게 모세관 현상이라고요?

5 종이 사이사이에 있는 얇은 관으로 물이 흡수되어 꽃잎 끝까지 전해지면서 퍼지는 원리랍니다!

놀이 플러스

색의 삼원색

파랑
보라   초록
검정
빨강 주황 노랑

플라스틱 컵 5개에 물을 1/3 정도 채우고 물감 몇 방울을 섞어 주세요. 휴지를 4칸 정도 잘라 길게 세 번 접은 후 컵 안에 한 쪽씩 넣어 보세요. 모세관 현상으로 인해서 휴지가 예쁘게 물든답니다. 노란색과 빨간색이 섞인 곳은 주황색으로, 노란색과 파란색이 섞인 곳은 초록색으로 변하는 것을 보고 색의 혼합도 관찰할 수 있어요.

24 풍선만 한 공룡알
석고붕대로 만드는 알록달록 공룡알!

놀이 연령
5세

황산칼슘이 주성분인 석고는 물과 만나면 일정 시간 후에 굳는데 이를 경화 작용이라고 해요. 석고를 100° 이상으로 가열하면 흰색의 가루가 되는데 이것을 소석고라고 하며 여기에 물을 묻히면 다시 단단하게 변해요. 약국에서 석고붕대를 사서 물을 묻힌 후 풍선 위에 붙여 말리면 그 모양대로 굳을 거예요. 터트릴 수 있는 풍선을 이용하면 공룡 알을 만들 수 있답니다!

이런 점이 좋아요

석고의 경화 작용을 체험하며 석고 가루의 특성을 알 수 있어요!

준비물

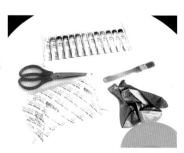

석고붕대, 가위, 아크릴 물감, 붓, 풍선, 일회용 그릇, 물

1 풍선을 크게 불어 주세요.

2 석고붕대에 물을 묻혀가며 풍선 위 모든 면에 꼼꼼히 붙여 주세요.

3 일회용 그릇에 물감을 붓고 물을 몇 방울 섞어 걸쭉하게 만들어 주세요.

tip :) 아크릴 물감을 사용하면 좋아요.

4 석고붕대를 붙인 풍선에 물감을 칠해 주세요.

tip :) 일회용 그릇 위에 올려서 하루 정도 말려 주세요!

5 바늘 등을 이용해서 안쪽에 있는 풍선을 터트려 주세요.

tip :) 석고 가루가 떨어지지 않도록 구멍을 테이프로 막아주면 더 좋아요.

6 알록달록한 공룡알 완성!

놀이 플러스

만든 공룡알 아래에 글루건으로 색칠한 종이컵을 붙여 주세요. 일회용 그릇도 색칠한 뒤 노끈으로 종이컵과 이어주면 열기구 완성! 종이 인형을 태워 주면 정말 열기구를 타는 것 같아요!

 # 25 내가 만든 공룡 화석

찰흙과 석고 가루로 공룡 화석을 만들어 보자!

놀이 연령
4세

찰흙을 주무르며 좋아하는 것을 자유자재로 만들면 아이들의 창의력과 상상력이 저절로 커집니다. 찰흙을 이용해서 공룡 장난감을 가져와서 꾹 찍은 후 화석을 만들어 보세요. 공룡 화석이 만들어지는 과정을 알 수 있어요. 석고 가루를 이용하면 질감이 딱딱해지는데, 오랜 세월 땅속에 묻혀 있었기 때문에 단단해졌다는 사실도 설명하면 쉽게 이해한답니다!

 이런 점이 좋아요

공룡 화석을 만들며 호기심을 충족하고, 자신감과 성취감이 높아져요!

준비물

찰흙, 석고 가루, 물, 공룡 장난감, 플라스틱 통, 나무젓가락

탁탁! 탁탁!
꾸욱! 꾸욱!

1 플라스틱 통에 찰흙을 2cm 이상으로 평평하게 펴 주고, 공룡 피규어를 꾹 눌러 주세요.

tip :) 나뭇잎을 이용해도 좋아요!

2 장난감을 빼 보세요. 모양이 잘 안 나온 부분은 다시 장난감을 꾹 누르면 돼요!

3 석고가루 100g에 물 35ml 비율로 섞은 것을 찰흙 위에 부어 주세요.

4 1시간 정도 기다리면 굳어요!

5 다 굳었다면 찰흙을 살살 떼어 보세요.

6 정말 화석처럼 딱딱해진 것이 보이지요?

🎡 놀이 플러스 🎡

테이프를 이용해서 휴지심 밑을 단단히 밀봉해 주세요. 석고가루 100g에 물 35ml 비율로 섞어서 휴지심 안에 넣어 주고 굳으면 휴지심을 떼면 분필이 완성! 종이컵에 석고 가루와 물감을 넣어 섞어 원하는 색을 만든 뒤 실리콘 틀에 부어 주면 색깔 분필도 만들 수 있어요. 굵은 빨대에 하면 만들기는 조금 어렵지만 손에 잡기는 더 쉽지요!

Part 06

창의력과 상상력을 키우는 오감 자극
요리 놀이

다양한 종류의 음식 재료를 접하면서 오감 자극이 돼요. 재료 본연의 맛도 볼 수 있고 엄마의 도움으로 스스로 요리를 하면서 성취감을 높일 수 있답니다. 직접 만든 요리를 먹어 보며 편식 습관도 교정할 수 있지요!

01 과일꼬치 만들기
꼬치에 여러 가지 과일을 끼워 보자!

아이들이 좋아하는 과일을 한입 크기로 잘라서 꼬치에 끼워 보세요. 적극적으로 참여한답니다! 달콤한 과일을 맛보면서 즐겁게 놀이에 임할 수 있어서 만족도가 높지요! 꼬치에 과일을 잘라 끼우는 행동을 반복하면 손가락 근육을 많이 써서 뇌 발달에도 좋아요. 아이가 좋아하는 과일을 준비해서 함께 해 보세요. 재미있는 시간을 보낼 수 있을 거예요!

이런 점이 좋아요

과일을 다양하게 맛보고, 눈과 손의 협응력을 발달시킬 수 있어요!

준비물

과일, 나무 꼬치, 플라스틱 칼, 접시, 도마

1 다양한 과일을 준비해 주세요. 크기가 큰 과일을 한입 크기로 잘라 주세요.

tip :) 케익용 플라스틱 칼을 추천해요!

나는 청포도가 좋아!

2 다양한 과일을 꼬치에 꽂아 보세요.

3 알록달록한 느낌이 나도록 다양한 종류를 번갈아가며 끼우면 예뻐요!

도시락에 싸서 소풍 나가자!

4 접시에 담으면 완성!

5 남은 과일로 그림도 그려 보세요. 존은 크리스마스 트리를 만들었어요!

6 과일로 친구들 얼굴도 만들 수 있어요!

놀이 플러스

아이와 함께 케이크시트 위에 생크림과 과일을 올려 과일 케이크를 만들어 보세요. 생일 축하 노래도 불러보면 정말 재미있어요! (밥솥으로 케이크시트 만드는 방법- part6 20. '딸기 머핀 케이크' 편 참조)

02 수박 화채
과일과 꿀을 넣은 달콤한 수박 화채를 만들어 보자!

놀이 연령
3세

달콤한 과일도 예쁘게 먹으면 더 맛이 있지요! 키위와 수박으로 예쁜 모양을 찍으면 아이들은 더 좋아한답니다! 나비와 하트 모양으로 꾸미며 눈이 즐겁고, 과일과 우유, 꿀을 넣어 몸에도 좋은 수박 화채를 만들어 보세요! 모양 틀을 꾸욱 누르면서 손에 힘도 길러지고, 무엇보다 스스로 화채를 만들었다는 생각에 자신감이 쑤욱 올라가요!

이런 점이 좋아요

과일의 촉감을 느끼며 집중력을
키울 수 있어요!

준비물

수박, 키위, 모양틀,
우유 1컵, 꿀 1T

1 키위를 넓게 잘라서 마음에 드는 모양틀을 사용해서 찍어 보세요!

아래까지 꾹 눌러야 돼!

2 수박도 꾹 눌러서 모양에 맞게 잘라 주세요.

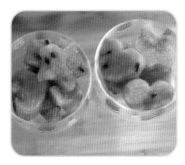

3 다양한 모양의 빨간색 수박을 화채 컵에 담아 주세요.

4 초록색 키위를 올려 주세요.

5 우유를 화채 컵에 담아 주세요.

6 꿀을 과일 위에 뿌려 주세요. 더 달콤한 화채가 됩니다!

7 남은 수박은 믹서기에 넣고 갈아 보세요. 맛있는 수박주스랑 같이 먹으면 기분이 더 좋아요!

놀이 플러스

플라스틱 칼을 이용해서 배를 잘라 넣어도 맛있어요! 사이다를 넣어서 올라오는 기포를 터트리는 놀이를 해도 좋아한답니다!

03 과일 스낵 카나페
알록달록 영양 가득 카나페를 만들어 보자!

카나페는 크래커나 작게 자른 식빵에 스프레드를 바르거나 각종 과일 등의 재료를 얹어 먹는 핑거 푸드예요. 아보카도와 토마토를 이용하면 알록달록한 색감이 더해져서 시각적 자극을 주어요. 크림치즈를 이용하면 풀처럼 잘 붙기 때문에 아이들과 함께 요리 놀이하기 그만이에요! 한 끼 식사로도 손색없고, 창의적으로 표현하기에 아주 좋은 오감 만족 100%랍니다!

이런 점이 좋아요

눈과 손의 협응력을 높이고 구성
능력을 기를 수 있어요.

준비물

식빵이나 크래커, 크림치즈 2T,
아보카도 1개, 피망 1/4개,
방울토마토, 바질잎, 마요네즈, 레몬즙
1/2T, 소금 한 꼬집, 해바라기씨,
매셔(감자 으깨기), 플라스틱 칼, 도마

1 껍질과 씨를 제거한 아보카도를 칼을 이용해서 잘게 잘라 주세요.

2 매셔를 이용해서 아보카도를 으깬 후 크림치즈 2T, 레몬즙 1/2T, 소금 한 꼬집을 넣어 아보카도 스프레드를 만들어요.

3 잘게 자른 방울토마토와 크래커도 함께 준비해 주세요.

4 식빵과 크래커 위에 아보카도 스프레드를 펴 바르고 토마토 등을 토핑해 주세요.

방울토마토는 로봇의 눈이야!

5 카나페로 작품을 창작해 보세요!

6 예쁜 카나페 완성!

tip :) 나만의 카나페를 만들어 보세요!

놀이 플러스

크래커에 아보카도 스프레드를 바르고 오이, 치즈, 새우 등을 올리면 좀 더 풍성한 맛이 되어서 어른과 아이 모두 먹기에 좋아요. 치즈는 모양 틀을 이용해서 잘라 붙이면 보기에도 맛있는 카나페가 되지요! 딸기잼이나 초콜릿 펜을 활용해도 좋아요!

 # 04 과자 집

흰 눈이 소복이 쌓인 겨울 과자 집을 만들어 보자!

놀이 연령
4세

어렸을 때 과자 한 박스를 선물로 받으면 정말 행복했지요! 아이들에게도 그런 기억을 심어 주면 어른이 되어서도 마음 한구석이 행복해질 거예요. 과자 집 만드는 날은 과자를 종류별로 실컷 먹을 수 있으니 아이들에게 천국 같은 날이에요. 생크림의 부드러움도 느껴보고, 자유롭게 과자를 붙이면 상상력도 높아집니다! 좋아하는 과자로 즐거운 시간을 보내세요!

 이런 점이 좋아요

창의적 표현력을 기르고 구성 능력을
키울 수 있어요!

준비물

과자들, 초콜릿,
마시멜로, 접시,
생크림, 핸드 블랜더

1 핸드 블렌더로 생크림을 만들어 주세요.

2 생크림을 발라 과자끼리 붙여 주세요.

3 벽돌을 세우듯 과자 벽돌을 튼튼하고 높게 쌓아 보세요.

4 긴 과자로 지붕처럼 봉긋하게 만들어 준 뒤 마시멜로를 이용해서 예쁘게 꾸며 주세요.

5 지붕 위를 초콜릿으로 꾸며 보세요.

6 둥근 과자와 젤리로 집 옆면도 꾸며 주면 완성이에요!

놀이 플러스

마시멜로 남은 것에 이쑤시개를 꽂아 조형물을 만들 수 있어요. 높이 쌓아 보면 선, 면, 형의 조형 요소를 알 수 있지요.
요리 붓에 생크림을 묻혀 과자 벽면과 지붕에 발라 보세요. 눈 오는 하얀 집이 된답니다!

05 무지개 빵

무지개색 미니 팬케이크를 만들어 보자!

달걀과 팬케이크 믹스를 이용해서 무지개색 미니 팬케이크를 만들 수 있어요. 아이들의 손 근육이 발달하고 호기심은 충족되는 시간이랍니다! 크기가 작아서 아이들이 한입에 쏙 먹을 수 있어서 더 좋아요. 섞고 굽기만 하면 간단하게 예쁜 간식이 완성되는 활동이에요. 꿀에 찍어 먹으면 더 맛이 있어요!

이런 점이 좋아요

색의 혼합을 알고 쉽고 재미있게
빵을 만들어 볼 수 있어요!

준비물

팬케이크 믹스 210g, 물 110ml, 달걀 1개,
식용유, 식용색소, 종이컵, 넓은 볼, 주걱,
프라이팬, 요리 붓, 꿀

1 물, 팬케이크 믹스, 달걀을 볼에 넣어 섞어 주세요.

2 종이컵에 반죽을 나눠 담은 뒤 색소를 한 방울씩 넣고 섞어 색을 만들어 주세요.

3 반죽을 1cm 두께로 머핀 틀에 나눠 담아 주세요.

tip :) 요리 붓으로 머핀 틀에 기름칠을 해 주면 나중에 빵이 깔끔하게 떨어져요.

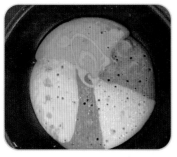

4 종이컵에 남은 반죽은 프라이팬에 흘리듯 넣어 보세요. 그림 같은 빵을 만들 수 있어요!

5 180° 오븐에 8분 가량 구워 주세요.

tip :) 오븐 사양에 따라 가감하세요.

6 구워진 색깔 빵에 꿀을 발라 주세요.

7 꿀을 발라 높이 팬케이크 탑도 쌓아 봤어요.

8 무지개 빵 5개를 다 잡고 햄버거처럼 입으로 쏙 넣으면 맛은 어떨까요?

팬케이크 믹스에 우유와 달걀을 넣고 섞은 뒤 붕어빵 틀에 넣고 팥을 넣어 프라이팬이나 오븐에 구워 주세요. 붕어빵을 먹던 엄마의 추억을 아이와 공유할 수 있는 시간이랍니다!

 컬러 수제비
알록달록 색깔 수제비를 만들어 보자!

알록달록한 색감을 좋아하는 아이들과 함께 다양한 색감의 수제비를 만들어 보세요. 흰색 수제비만 있는 줄 알았던 아이들은 색깔 수제비를 보며 창의력이 커질 거예요! 비닐에 반죽을 넣어 손으로 조물조물 반죽을 해 보고 발로 쿵쿵 밟아도 보세요. 스스로 요리를 하면서 뿌듯함도 느낄 수 있고, 밀가루에 물을 묻히면 찰흙처럼 되는 현상도 볼 수 있는 경험이랍니다!

이런 점이 좋아요

자연재료를 이용해서 색깔을 내면서 정서 안정 효과를 얻을 수 있어요!

준비물

밀가루(중력분 180g), 물, 올리브유, 애호박, 당근, 양파, 멸치, 보리새우, 다시마, 파, 황태, 감자, 부추, 비트, 믹서기, 비닐, 지퍼백, 체 망, 양념(다진 마늘 1T, 국간장 1T, 참치액 1T, 소금 한 꼬집)

1 부추와 물을 1:1 비율로 믹서기에 넣어 갈아준 뒤 체에 받쳐 즙을 받아 주세요.

tip :) 빨강은 비트를 이용하면 좋아요!

2 밀가루 2컵에 채소즙 약간, 올리브유, 소금 한 꼬집을 넣어서 반죽해 주세요.

tip :) 채소즙 양으로 색감을 조절해요.

조물조물!

3 비닐에 들은 반죽을 만지며 촉감을 느껴 보세요!

4 지퍼백에 넣은 반죽을 발로도 밟아 보세요!

5 반죽을 냉장고에 30분 숙성시키는 동안 다시마 두 쪽, 육수용 멸치·황태·새우 한 줌을 넣고 육수를 만들어 주세요.

6 육수가 끓는 동안 접시 위에 반죽을 먹기 좋은 크기로 떼어 주세요.

7 육수 냄비에 국간장 1T, 참치액 1T, 다진 마늘 1T를 넣고 갖은 채소도 넣어 끓여 주세요.

8 알록달록 수제비 완성!

놀이 플러스

채소즙은 반죽에 식용색소를 한 방울씩 넣어서 만들면 더 간단해요. 알록달록 색깔 수제비나 칼국수를 만들 수 있어요! 남은 반죽은 천연 클레이로 만지고 놀 수도 있어요.

07 산딸기 표고버섯 크림 스파게티

직접 키운 버섯으로 맛있는 스파게티를 만들어 보자.

산딸기와 표고버섯을 함께 먹으면 어떤 맛일지 궁금해하는 아이와 함께 요리를 만들어 보기로 했어요. 버섯만 넣었다면 자칫 심심할 수도 있었을 맛이 산딸기가 들어가니 상큼한 맛이 나서 더욱 맛있어졌답니다! 아이가 키우고 있는 채소가 있다면 그것을 활용해서 음식을 만들어 보세요. 아이는 뿌듯해하고 성취도는 자연스럽게 올라간답니다!

 이런 점이 좋아요

직접 키운 채소로 요리를 만드는 즐거움을 느끼고 성취감과 자신감이 높아져요!

준비물

스파게티면 100g, 양파 반개, 표고버섯 6개, 방울토마토, 산딸기, 새우, 생크림 150ml, 우유 150ml, 다진 마늘 1T, 파르메산 치즈 가루 1T, 맛술 1T, 올리브유 0.5T, 파슬리 가루, 소금 한 꼬집. 플라스틱 칼, 도마, 프라이팬

1 표고버섯 키트에 분무기로 물을 주며 자라는 것을 관찰해 보세요. 다 자란 표고버섯을 6개 골라서 살짝 따 주세요.

2 칼로 버섯을 먹기 좋은 크기로 잘라 주세요.

3 프라이팬에 다진 마늘, 양파를 넣어 볶다가 새우와 버섯을 넣어 함께 볶아 주세요. 면도 이때 삶아요!

4 생크림 150ml, 우유 150ml를 넣어 주세요.

5 파르메산 치즈 가루 1T와 방울토마토, 삶은 스파게티 면을 넣고 중불에 뒤적이면서 2분 정도 볶아 주세요.

노란색, 붉은색 과일이 예뻐!

6 접시에 담고 산딸기 등 각종 과일을 올려서 꾸며 주세요.

tip :) 파슬리 가루, 소금, 후추 등을 넣으면 풍미가 더 좋아져요!

놀이 플러스

알파벳 모양의 파스타를 물에 삶은 뒤 토마토소스와 함께 볶아 먹으면 간단하지만 맛있는 파스타 요리가 됩니다! 집에 있는 채소로 눈, 코, 입을 꾸며 주면 더 재미있겠죠?

 # 08 불고기 채소 피자

놀이 연령 4세+

불고기와 채소가 가득한 피자를 간편하게 만들어 보자!

토르티야에 채소, 케첩, 치즈만 있다면 아이들이 좋아하는 피자를 쉽게 만들 수 있어요. 토마토, 피망, 쇠고기 등을 원하는 대로 토핑을 해 보면 표현력이 쑥 커질 거예요! 보통 피자치즈를 마지막에 뿌리지만 이탈리아에서는 치즈를 채소 밑에 뿌린다고 해서 준도 그렇게 했습니다. 눈 내리는 것 같다고 하면서 신나게 뿌렸네요! 오븐에서 치즈가 녹는 것도 관찰해 보세요.

 이런 점이 좋아요

소근육을 발달시키고 창의력 있게 꾸밀 수 있어요.

 준비물

토르티야, 불고기용 쇠고기, 방울토마토, 새송이버섯, 다진 양파, 소시지, 케첩, 피자치즈, 피망, 올리브

1 쇠고기에 맛술 1T를 넣고 팬에 익혀주고 토르티야에 케첩을 펴발라 주세요.

눈이 내려요~

2 다진 양파를 케첩 위에 발라 주고, 피자치즈를 뿌려 주세요.

3 소시지, 방울토마토, 쇠고기 등을 올리고 검은색 올리브로 올려 주세요.

4 180° 오븐에 15분 정도 구워 주면 맛있는 피자 완성!

tip :) 오븐이 없다면 프라이팬에 약한 불로 구워도 된답니다!

5 치즈가 쭉쭉 잘 늘어나네요. 맛있게 드세요!

놀이 플러스

감자를 채 썰어서 물에 담가 전분기를 뺀 후 채 썬 양파, 달걀 1개, 부침가루 5T, 소금 1t를 넣고 섞어 주세요. 부침가루를 이용해도 괜찮습니다! 팬에 기름을 두른 후 반죽을 넣어 뚜껑을 닫은 후 푹 익혀 주세요. 다시 뒤집어서도 익힌 뒤 케첩과 치즈를 뿌려 주면 감자 피자 완성!

 # 09 치킨가스

닭을 돈가스처럼 먹고 싶을 때에는 치킨가스를 만들어 보자!

놀이 연령
5세+

돈가스와 치킨가스 등은 아이들이 정말 좋아해요! 빵가루와 밀가루를 만져 보며 촉감의 차이를 느낄 수 있도록 직접 만들어 보세요. 고사리 손으로 열심히 하는 모습을 볼 수 있어요! 돈가스 만드는 방법을 알고 "아! 이렇게 만드는 거였구나!"라는 말이 절로 나올 거예요. 집에서 깨끗한 기름에 튀긴 건강한 치킨가스를 만들어 보며 즐거운 시간을 가질 수 있답니다.

 이런 점이 좋아요

빵가루와 밀가루 촉감을 느껴보고
둘의 차이점을 알 수 있어요!

준비물

닭가슴살 2덩이, 우유 2컵, 밀가루 200g, 달걀 2개, 빵가루 200g, 식용유, 소스(양파 1/2, 다진 마늘 1T, 간장 1T, 맛술 2T, 케첩 3T, 돈가스 소스 6T, 후추 한 꼬집, 소금 한 꼬집, 물 1/3 컵)

1 닭가슴살을 우유에 1시간 동안 담궈 놓았다가 씻어 주세요.

2 밀가루와 빵가루를 만져 촉감을 느껴 보세요.

3 닭가슴살에 밀가루를 발라 주세요.

달걀물에 풍덩!

4 달걀물을 발라 주세요.

빵가루는 까실까실해!

5 빵가루를 발라 주세요.

6 프라이팬에 식용유를 붓고 빵가루까지 바른 닭가슴살을 넣어 주세요.

7 튀긴 치킨가스를 건져내어 기름을 빼고 소스를 프라이팬에 넣어 자작하게 끓여 주세요.

8 접시에 치킨가스를 놓고 소스를 부어 주세요. 밥과 채소도 곁들이면 한 끼 식사가 완성!

놀이 플러스

기름 두른 팬에 조각낸 치킨을 넣어 익히다가 피망과 양파도 함께 볶아 주세요. 프라이팬에 토르티야를 깔고 익힌 닭과 채소→파르메산 치즈 순으로 올린 뒤 토르티야로 덮어주면 치킨 케사디아 완성! 피자처럼 자르면 치즈가 쭉 늘어나는 것을 볼 수 있어요!

10 오이 모닝빵

모닝빵으로 영양 간식을 만들어 보자!

오이는 95%가 수분으로 이루어져 있지요. 오이에 소금을 뿌려 두면 오이에서 물이 나오는 것도 관찰할 수 있는데, 소금은 짠맛을 내는 요리 재료이지만 물질의 성질을 바꿔 주기도 한다는 것을 알 수 있어요. 모닝빵 안에 채소를 넣는 요리를 해 보세요. 편식하는 아이들도 직접 만들었기 때문에 잘 먹는 모습을 볼 수 있어요!

🌟 이런 점이 좋아요

요리의 즐거움을 느끼며 삼투압
현상에 대해서 이해할 수 있어요!

🎨 준비물

모닝 빵 4개, 오이, 양파, 당근
건포도, 콘 옥수수, 소금 세 꼬집,
참치 1캔, 마요네즈 1T,
위생 장갑, 빵 칼, 이쑤시개

소금이 마술을 부렸나 봐!

1 오이와 양파를 썰어서 소금을 뿌린 후 20분 정도 기다렸다가 물기를 짜 주세요.

2 위생 장갑을 끼고 볼에 오이, 양파, 기름을 뺀 참치를 넣어 마요네즈와 섞어 주세요.

3 모닝 빵을 칼로 자른 뒤 버무린 채소를 넣어 주세요.

4 채소를 다 넣은 참치 오이 모닝 빵 완성입니다!

5 남은 오이 소에 콘 옥수수를 추가해 섞어 주세요.

6 건포도를 이쑤시개에 꽂아 눈을 표현하고, 당근으로 집게를 만들면 꽃게가 돼요!

놀이 플러스

오이와 무를 자른 후 굵은 소금을 뿌려 보세요. 하루 정도 지나면 물이 가득 생기고 오이와 무는 쭈글쭈글해져 있을 거예요. 소금이 물을 흡수하는 삼투압 현상을 알 수 있어요!
모닝빵 속을 파내어 달걀을 넣고 포크를 이용해 노른자를 톡 터트려 준 뒤 전자레인지에 3분 돌려주세요. 오이와 당근, 귤로 머리카락과 코, 귀를 표현하고 케첩으로 입을 그려 주니 사람이 되었지요?

11 아이 간식 소시지 빵

하나만 먹어도 든든한 소시지 빵을 만들어 보자!

아이 간식으로 소시지 빵을 만들어 보기로 했어요. 소시지와 케첩, 피자 치즈를 이용해서요. 토르티야로 양파를 같이 싸서 먹는 거라서 아이들은 자기도 모르게 싫어하는 채소도 함께 먹게 된답니다! 소시지를 넣고 싸서 달걀 물을 묻혀서 바르는 것까지 직접 해 보세요. 다 하고 나면 성취감과 자신감이 쑤욱 올라갈 거예요!

이런 점이 좋아요

스스로 할 수 있는 요리 활동을 통해 즐거움과 성취감을 갖습니다!

준비물

토르티야 5개 , 버터 I개, 양파 I/2개, 소시지 5개, 달걀 I개, 피자치즈, 요리용 붓, 소스(케첩 IT, 꿀 IT, 돈가스 소스 I/2T, 간장 I/2T)

1 팬에 버터를 적당량을 넣어 녹여 주세요.

2 채 썬 양파를 볶다가 투명해지면 소스를 넣어 더 볶아 주세요. 불을 끈 뒤 꿀 1T를 넣어요.

3 토르티야에 소시지를 올리고 소스에 볶은 양파를 넣어 주세요. 그 위에 피자 치즈를 뿌려 주세요.

4 토르티야를 반으로 접어 주세요.

5 토르티야의 왼쪽과 오른쪽을 차례로 접어서 먹기 좋게 싸 주세요.

6 달걀 노른자 푼 것을 요리 붓을 이용해서 빵에 잘 발라 주세요.

7 180° 오븐에 7~8분 정도 구워 주면 소시지 빵 완성! 우유나 과일과 함께 먹으면 수분 보충도 되겠죠?

놀이 플러스

피자용 냉동 생지를 밀대로 밀고 소시지를 넣어 감싼 뒤 비스듬히 칼집을 내어 어슷하게 펼쳐 주세요. 케첩과 마요네즈를 뿌리고 180° 오븐에 15분 구워주면 소시지 빵이 완성! 피자용 냉동 생지는 인터넷 등에서 쉽게 구할 수 있어요!

12 치즈 달걀 빵

식빵에 달걀과 치즈를 넣어 치즈 달걀 빵을 만들어 보자!

아이들이 하루에 한 장씩 먹으면 참 좋은 치즈를 이용해 영양 가득한 치즈 달걀빵을 만들어 보세요. 바삭하고 맛이 있어서 자꾸 손이 간답니다. 만드는 것은 정말 간단한데 먹고 나면 배도 든든해져서 정말 좋아요! 달걀 위에 치즈 말고 아이가 좋아하는 음식 재료 다른 것들을 올려도 좋아요. 요리는 정답이 없으니까요! 아이의 창의력은 점점 커질 거랍니다!

 이런 점이 좋아요

아이들 눈높이 맞는 요리를 하면서 뿌듯함과 성취감을 얻을 수 있어요.

준비물

식빵 6장, 달걀 6개, 체다치즈 2~3장, 파슬리 가루, 밀대, 도마, 머핀 틀, 오일(생략 가능)

1 식빵 테두리를 자른 후 밀대를 이용해서 납작하게 펴 주세요.

2 머핀 틀에 오일을 살짝 바른 뒤 식빵을 넣어서 꽃봉오리처럼 모양을 잡아 주세요.

tip :) 오일을 발라주면 빵이 잘 빠져요.

3 식빵 안에 달걀을 넣고 치즈를 잘라서 올려 주세요.

tip :) 틀이 작아서 달걀이 넘칠 때에는 숟가락으로 흰자를 덜어내 주세요.

4 치즈 위에 파슬리 가루를 톡톡톡 뿌려 주세요.

5 185° 오븐에 10분 정도 돌려주면 치즈 달걀 빵 완성!

tip :) 오븐에 따라 빵의 상태를 보고 시간을 조절해 주세요.

놀이 플러스

남은 식빵 테두리로 마늘빵을 만들어 보세요. 다진 마늘에 녹인 버터를 섞어서 붓으로 바르고 오븐에 구워 주면 자꾸만 손이 가는 간식이 된답니다!

13 미니 햄버거

놀이 연령 4세+

재료 듬뿍! 입에 쏘옥! 자꾸 먹고 싶은 미니 햄버거!

시중에서 파는 햄버거는 아이가 먹기에는 너무 크지요. 아이 손에 딱 맞는 미니 햄버거를 직접 만들어 볼까요? 스스로 떡갈비, 양상추, 달걀을 하나씩 쌓아 올리면 평소에 잘 먹지 않던 채소도 잘 먹는답니다! 자신이 직접 햄버거를 만들었다는 성취감과 자신감도 쑤욱 올라가지요. 햄버거를 만들며 재료를 손으로 만져 보고, 소스 맛도 보면서 오감을 자극할 수 있어요!

 이런 점이 좋아요

햄버거를 만들면서 책임감과
자신감을 높일 수 있어요!

 준비물

모닝빵, 양파 1/2, 떡갈비, 양상추,
달걀, 체다 치즈, 나무 꼬치, 식용유,
숟가락, 팬, 마요네즈, 돈가스 소스
2T(케첩 2T), 버터 10g, 맛술 1T

1 노릇하게 구운 달걀과 떡갈비를 적당한 사이즈로 잘라서 준비해 주세요.

2 다진 양파에 버터를 넣어 볶다가 돈가스 소스 2T와 맛술 1T를 넣어 조려 주세요.

tip :) 돈가스 소스 대신 케첩도 좋아요.

3 모닝빵을 반으로 갈라서 마요네즈를 골고루 발라 주세요.

4 체다 치즈, 달걀, 떡갈비, 소스를 차곡차곡 올려 주세요.

5 맨 위에 양상추를 올려 주세요.

냠냠! 맛있겠다!

6 재료가 빠지지 않도록 꼬치를 끼워 주면 더 좋아요!

tip :) 여러 개 만들어서 친구들과 함께 나눠 먹어도 좋아요!

놀이 플러스

개구리 모양의 재미있는 햄버거를 만들어 보세요. 햄버거 빵에 채소, 과일, 치즈를 넣고 과자에 이쑤시개를 꽂아 눈을 만들어 빵에 쏙 꽂아주면 완성!

14 미니 핫도그

한입에 쏘옥 들어가는 미니 핫도그를 만들어 보자!

핫케이크 가루를 이용하면 집에서도 미니 핫도그를 만들 수 있어요. 달걀도 톡 깨뜨려 보고 거품기로 반죽을 섞으면 만드는 것부터 즐거움을 갖는답니다! 그럴싸하게 음식을 만들어내는 것보다 만드는 과정에서의 즐거움이 더 중요하지요. 직접 반죽한 것이 튀겨지는 소리를 듣고, 설탕과 케첩에 찍어서 먹어 보면 아이들의 웃음소리가 커질 거예요!

 이런 점이 좋아요

핫도그를 직접 만들며 성취감과
즐거움을 느낄 수 있어요!

준비물

핫케이크 믹스 500g, 달걀
2개, 비엔나소시지, 우유
400ml, 콩기름(포도씨유),
손 거품기, 원당(설탕),
나무젓가락, 주걱

가루가 섞이니까
걸쭉해지네!

1 볼에 달걀 2개를 깨뜨려 보세요.

tip :) 아이여서 흘릴 수 있겠지만 직접 해본다는 것에 성취감을 느낄 수 있어요!

2 핫케이크 가루와 우유를 볼에 넣어 주걱으로 살살 섞어 주세요.

3 나무젓가락에 비엔나소시지를 끼워 주세요.

tip :) 소시지는 끓는 물에 한 번 데치면 불순물이 제거돼요!

조심조심!

4 소시지에 핫케이크 반죽을 돌돌 말며 묻혀 주세요.

5 핫도그를 한 개씩 넣어서 1차로 튀기고, 한 번 튀긴 소시지는 핫케이크 반죽을 다시 묻혀서 2차로 튀겨주세요.

6 키친타월에 올려서 기름을 제거한 뒤 설탕을 묻혀 주세요.

tip :) 케첩을 찍어 먹어도 맛있어요!

놀이 플러스

남은 핫케이크 반죽을 비닐 짤주머니에 넣어 주세요. 짤주머니 끝을 자른 다음 기름을 두른 프라이팬 위에 별 모양, 하트 모양을 그려 주세요. 익으면 뒤집어서 코코아 가루를 뿌린 후 과일과 같이 먹어요! 간식으로 좋은 모양 빵이랍니다!

15 부드러운 반반 치킨
달콤짭짤 간장 치킨과 바삭한 프라이드 치킨을 만들어 보자!

놀이 연령
5세

아이들과 함께 치킨을 만들어 보세요. 감자 전분 가루를 닭에 바로 묻혀서 튀기면 되는 조리법이어서 엄청 간단해요! 튀김가루를 쓰지 않아서 더욱 담백하게 먹을 수 있지요. 아이들은 닭에 전분 가루를 조물조물 만지면서 까르르 웃고 난리가 납니다. 배달 치킨 부럽지 않은 부드럽고, 짭짤하고, 고소하고, 담백한 엄마표 반반 치킨! 아이와 먹기 딱이에요!

 이런 점이 좋아요

만드는 방법에 따라서 맛이
달라지는 것을 알 수 있어요!

준비물

350g 닭봉 2팩, 녹말가루 1컵, 우유
1L, 다진 마늘 1T, 포도씨유(콩기름),
땅콩, 팬, 절구, 어린이용 위생 장갑
•350g 닭봉 한 팩 간장 소스 : 간장
4T, 굴 소스 1T, 올리고당 2T, 설탕
2T, 맛술 3T, 식초 3T, 후추 한 꼬집

1 깨끗이 씻은 닭에 다진 마늘
1T와 우유 1L를 붓고 1시간
정도 담궈서 닭의 누린내를 제
거해 주세요.

2 깨끗이 씻은 닭은 볼에 담아
녹말가루 1컵을 부어 묻힌 후
녹말가루가 닭에 스며들도록
1분 정도 그대로 놔두세요.

조심조심!

3 깊은 팬에 기름을 붓고 끓으면
닭을 하나씩 넣어서 튀겨요.

tip :) 더 바삭하게 만들려면 한 번 더 튀겨
도 됩니다!

4 간장 소스 재료를 한데 섞어
주세요.

tip :) 양념 소스는 간장을 1T로 줄이고
캐첩 3T, 고추장 1T만 추가 하세요!

5 팬에 간장 소스를 끓인 뒤 튀
긴 닭을 넣어서 소스를 버무려
주세요.

6 절구에 땅콩을 넣어 콩콩 빻은
후 닭 위에 솔솔 뿌려 주세요!
짭조름한 간장 치킨 완성!

놀이 플러스

끓는 물에 닭을 데쳐
주세요. 데친 닭과 감
자, 당근, 양파, 파에
물 1500 ml, 참치액
1T, 국간장 1T, 소금
한 꼬집을 넣고 푹 끓
여 주세요. 닭이 익은
후 칼국수 면을 넣으
면 영양 가득한 닭칼
국수가 완성돼요!

16 닭꼬치와 소떡꼬치

놀이 연령
5세

감칠맛 나는 닭꼬치와 단짠단짠 소떡꼬치를 만들어 보자!

닭꼬치 트럭에서 나는 냄새를 무시하고 그냥 갈 수가 없지요. 자연스럽게 채소도 함께 먹을 수 있어서 편식하는 아이에게도 참 좋은 간식이랍니다! 손으로 채소와 고기를 끼워가면서 소근육도 자연스럽게 발달되고 창의력과 표현력은 쑤욱 높아집니다! 나무 꼬치는 물에 30분 정도 담궈 두면 오븐에 넣었을 때 잘 타지 않는답니다!

이런 점이 좋아요

두 손을 사용하면서 협응력과
집중력을 키울 수 있습니다.

준비물

닭 안심 300g, 양파 1/4개, 파프리카
1/2개, 당근 1/3개, 떡 10개, 소시지
10개, 나무 꼬치 15개. 파 뿌리 1개,
데리야끼 소스(간장 1/3컵, 설탕 3T,
다진 마늘 1T, 꿀 2T, 맛술 4T), 요리 붓,
위생 장갑

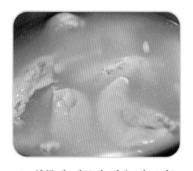

1 찬물에 깨끗이 씻은 닭고기는 파 뿌리를 넣어 끓인 물에 살짝 데쳐 주세요.

tip :) 냉동 닭은 우유에 20분 재워요.

2 데리야끼 소스를 냄비에 넣어 끓이다가 약불로 줄여서 졸여 주세요.

tip :) 데리야끼 소스는 구입해도 ok!

3 데친 닭에 소스를 넣어 조물조 물 섞어 주세요.

4 닭과 채소를 나무 꼬치에 꽂 아서 닭꼬치를 만들어 주세요.

5 꼬치에 꽂아서 소떡소떡을 만 들어 주세요.

tip :) 떡이 말랑하지 않다며 뜨거운 물에 10분 정도 담궈서 사용하세요.

양념이 골고루 들어가도록 꼼꼼히 바르자!

6 데리야끼 소스를 꼬치에 발라 주세요.

7 오븐팬에 올려 180°에서 25 분 가량 구워 주세요. 닭꼬치 와 소떡소떡 완성!

tip :) 프라이팬에 구울 때에는 중약불에 자주 뒤집어 구워준 뒤 데리야끼 소스를 발라 주세요.

🎈 놀이 플러스 ❄

닭 육수에 삶은 면과 달걀 지단을 넣으면 든든한 닭국수가 된답 니다! 이왕이면 소화 가 잘 되는 메밀국수 를 삶으면 더 좋겠지 요. 꼬치와 같이 먹으 면 국물이 있어서 궁 합이 잘 맞아요!

17 쫀깃한 물떡과 어묵이 가득!

바다 생물 모양 어묵국을 만들어 보자!

쫀득쫀득한 물떡과 어묵은 맵지 않아서 아이들이 좋아하는 매력적인 간식입니다! 떡꼬치와 어묵꼬치를 하나씩 주면 아이가 먹기에 딱이지요! 아이들이 좋아하는 바다생물이나 동물 모양으로 맛있는 어묵국을 만들면 더 신나겠지요? 보글보글 육수 끓는 소리, 어묵 냄새와 맛, 떡과 어묵의 말랑한 촉감을 느끼며 재미있는 모양을 만들어 보세요. 오감 충족 놀이랍니다!

 이런 점이 좋아요

어묵과 떡의 맛을 이야기해 보세요.
표현력과 자신감이 쑥쑥!

준비물

모듬 어묵 1팩, 가래떡 5개, 얇은 어묵 2장, 나무 꼬치, 모양 틀, 플라스틱 칼, 육수(물 8컵, 멸치 반 줌, 다시마 2개, 무 1/3토막, 대파 1개, 국간장 1T, 가쓰오 국물 1T)

어묵도 모양틀로 자를 수 있구나! 신기해!

1 납작 어묵에 모양 틀을 대고 꾹 눌러 주세요.

2 자른 모양 어묵을 뜨거운 물에 한 번 데쳐서 기름기를 제거해 주세요.

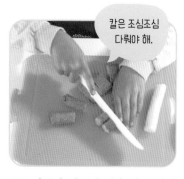

칼은 조심조심 다뤄야 해.

3 길쭉한 어묵과 떡을 칼로 잘라 주세요.

4 나무 꼬치에 어묵과 떡을 꽂아 주세요.

tip :) 나무젓가락을 이용해도 돼요!

5 냄비에 물, 멸치, 다시마, 무, 대파를 넣고 물이 끓으면 다시마를 건져낸 후 중약불로 20분 동안 끓여 육수를 우려내 주세요.

6 국간장 1T와 가쓰오 국물 1T를 넣은 후 어묵과 떡을 넣어서 끓이면 완성입니다!

놀이 플러스

식용유를 두른 팬에 양배추, 양파, 당근 등을 넣어 볶아 주세요. 물 4컵을 붓고 짜장분말 1/2컵을 넣은 뒤 저어 주세요. 짜장이 완성되면 불린 떡 1컵과 어묵 1컵을 넣어서 익혀 주세요. 마지막에 참기름을 넣어 주면 맛있는 짜장떡볶이 완성!

18 견과류 빼빼로

초콜릿을 녹여 빼빼로를 만들어 보자!

아이들은 빼빼로 과자를 참 좋아해요. 오독오독 씹어 먹는 재미가 있지요! 그런 빼빼로를 직접 만들어 보면 어떨까요? 좋아하는 초콜릿도 마음껏 먹으며 즐거워하고, 초콜릿이 녹았다가 다시 굳는 과정을 눈으로 직접 보면 무척 신기해한답니다! 만든 빼빼로를 예쁘게 포장해서 친구에게 선물하는 경험도 참 값지지요!

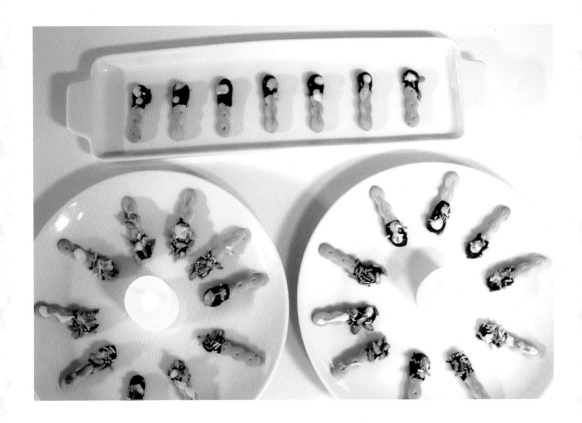

이런 점이 좋아요

막대 과자로 빼빼로를 만들며 즐거운 시간을 보낼 수 있어요!

준비물

막대 과자, 초콜릿 펜, 코팅용 초콜릿, 냄비, 중탕용 그릇, 장식용 스프링클, 해바라기씨(다진 아몬드), 유산지

1 초콜릿을 넣은 내열 용기 그릇을 뜨거운 물 위에 놓으면 초콜릿이 녹는 것을 볼 수 있어요!

tip :) 물이 들어가지 않도록 조심하세요!

초콜릿은 맛있으니까 듬뿍 찍자!

2 녹인 초콜릿을 꺼내서 막대 과자를 꾹 찍어 주세요.

3 초콜릿 묻힌 막대 과자를 유산지 위에 올리고 스프링클이나 견과류를 마음껏 뿌려 주세요.

4 초콜릿 펜을 따뜻한 물에 1분 정도 담갔다가 녹으면 그림 그리듯 짜 보세요.

초콜릿이 딱딱해지네!

5 초콜릿을 묻힌 과자는 냉장고에 넣어서 굳혀 주세요.

tip :) 같은 모양도 다른 색깔을 찍으면 다른 느낌이 난다는 것을 알 수 있지요.

놀이 플러스

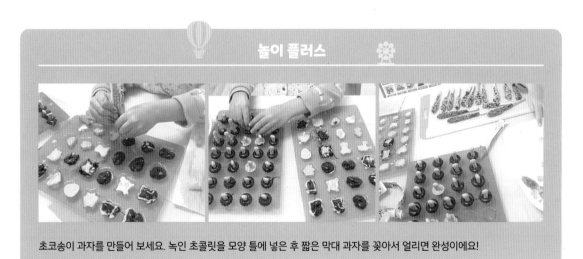

초코송이 과자를 만들어 보세요. 녹인 초콜릿을 모양 틀에 넣은 후 짧은 막대 과자를 꽂아서 얼리면 완성이에요!

 # 요거트 콘 쿠키 만들기

요거트를 넣어 달콤한 옥수수 쿠키를 만들어 보자!

놀이 연령
5세

아이와 함께 "옥수수 가루에 설탕을 넣지 않고 요거트를 넣으면 어떨까?"에 대해 이야기를 하다가 직접 만들어 봤어요! 그런데 의외로 맛이 너무 좋더군요! 그 후로 쿠키를 만들 때에는 꼭 요거트를 넣는답니다. 일반 쿠키보다 더 부드러워서 목넘김이 편하고 은은한 달콤함이 있어서 아이들 간식으로 더 좋아요!

이런 점이 좋아요

다양한 방법으로 쿠키를 만들면서 창의성이 쑥쑥 올라가요!

준비물

옥수수 가루 100g, 박력분 120g, 버터 40g, 설탕 30g, 베이킹파우더 5g, 플레인 요거트 50g, 소금 한 꼬집, 달걀 2개, 볼, 비닐장갑, 유산지, 전자저울

1 볼에 설탕, 요거트, 달걀, 소금을 넣어 휘핑기로 섞어 주세요.

tip :) 요거트가 없을 때에는 우유로 대체해도 돼요.

2 미리 체친 옥수수 가루, 박력분, 베이킹 파우더를 1에 넣고 주걱으로 섞고, 녹인 버터를 부어 조물조물 반죽해 주세요.

3 반죽을 한 덩어리로 뭉친 후 쿠키 크기로 잘라 주세요.

4 오픈 팬 위에 유산지를 깔고 반죽을 눌러 평평하게 놓아 주세요.

5 접시를 이용해서 십자 모양 무늬를 내 주세요.

6 180° 오븐에 13분 구워 주세요.

tip :) '13분-촉촉 / 15분-보통/ 18분-바삭' 취향에 따라 시간을 조절하세요!

7 오븐에서 꺼내어 식힘망에 올려서 식혀 주세요. 옥수수 쿠키 완성!

놀이 플러스

옥수수 콘 400g에 마요네즈 2T를 섞은 뒤 위에 체다 치즈 또는 모차렐라 치즈를 잘라 올려 주세요. 전자레인지에 3분 돌려주면 맛있는 치즈 옥수수 콘이 된답니다!

20 딸기 머핀 케이크

나만의 머핀을 만들어 보자!

놀이 연령
3세

머핀에 생크림을 올리면 아이들이 먹어도 부담스럽지 않은 작은 머핀 케이크를 만들 수 있어요! 준은 3살 때부터 초콜릿, 견과류, 과일까지 다양하게 올려서 각양각색 머핀을 만들어 봤답니다. 나이가 어려도 엄마가 조금만 도와주면 만들 수 있는 간단한 요리예요! 아이들과 함께 다양한 머핀을 만들며 즐거운 시간을 보내 보세요!

🌸 이런 점이 좋아요

다양한 재료를 활용하며 창의력이 쑥쑥 자라요!

🎨 준비물

머핀 믹스(핫케이크 가루), 올리브 오일, 달걀, 머핀 틀, 견과류, 초콜릿, 초콜릿 펜, 딸기, 휘핑크림, 손 휘핑기, 유산지, 비닐(짤주머니용)

part 6 : 요리 놀이

1 달걀 1개를 볼에 넣어 노른자를 터트려 주세요.

tip :) 아이는 달걀 터트리는 것을 좋아하니 직접 해보도록 해도 좋아요!

2 달걀을 풀어준 뒤 머핀믹스를 넣고 손 휘핑기로 원을 그리며 저어 주세요.

tip :) 핫케이크 가루를 넣어도 괜찮아요!

3 반죽을 머핀 틀에 붓고 위에 견과류를 올려 주세요.

tip :) 입구가 뾰족한 컵에 넣고 부으면 쉬워요!

4 다른 머핀 틀에는 초콜릿과 알록달록한 스프링클을 뿌려 주었어요.

5 180° 오븐에 15분 가량 구워주면 완성입니다!

6 생크림을 만든 뒤 짤주머니에 넣고 머핀 위에 뿌려 주세요.

tip :) 생크림은 제과점에서 구입해도 괜찮아요!

7 딸기를 올려 장식해 주고 초콜릿도 뿌려 주세요. 딸기 머핀 케이크 완성!

tip :) 여러 가지 머핀을 만들어서 맛을 비교해 보면 재미있어요!

놀이 플러스

우유 160ml, 달걀 2개, 버터 10g을 거품기로 섞은 뒤 체를 친 핫케이크 믹스 300g을 부어 잘 섞어 주세요. 밥솥에 버터를 골고루 묻힌 후 재료를 넣어 만능찜 모드로 40분간 구워주면 완성! 생크림을 바르고 좋아하는 과일이나 초콜릿으로 꾸미면 직접 만든 의미 있는 케이크가 돼요.

21 돌돌 말아 돌돌~

식빵으로 치즈 롤 샌드위치를 만들어 보자

놀이 연령
4세

식빵에 딸기잼과 치즈를 올려 먹으면 달콤한 간식이 돼요. 아이들은 손 근육을 계속 쓸 수 있어서 두뇌 발달에도 좋지요! 어떤 맛일지 궁금해하는 아이들의 호기심이 충족되고 자신이 만든 요리를 직접 먹어볼 수 있어 정서 안정 효과도 있답니다. 대부분 쉽게 구할 수 있는 재료이니 요리 욕구를 마음껏 펼칠 수 있는 시간이에요!

이런 점이 좋아요

스스로 만들며 자신감과 성취감이 쑥쑥 커진답니다!

준비물

식빵, 치즈, 딸기잼, 딸기, 도마, 밀대, 투명 랩, 어린이 가위

1 식빵 테두리를 잘라 주세요.

tip :) 어린이 가위를 깨끗이 닦아 이용해도 좋아요!

가로 세로 쭉쭉!

2 밀대를 이용해서 식빵을 납작하게 밀어 주세요.

3 딸기잼을 바른 후 돌돌 말아 주세요.

tip :) 투명 랩으로 싸서 끝을 돌돌 말아 주면 잘 풀리지 않아요.

4 식빵에 치즈를 깔고 위에 딸기를 올려 주세요.

5 돌돌 만 식빵을 칼로 잘라 주세요.

tip :) 힘을 실어서 앞으로 나아가듯이 누르면 잘 썰려요!

한입 먹어 볼까?

6 맛있는 롤 샌드위치 완성!

놀이 플러스

식빵 테두리를 자르고 밀대로 밀어준 후 소시지를 넣고 돌돌 말아 주세요. 칼로 썬 뒤 채소 잎을 붙이면 포도 완성! 식빵 테두리는 오븐에 구우면 바삭바삭한 과자가 돼요!

22 치즈 맛 쿠키
진저브레드맨 치즈 쿠키를 만들어 보자!

아이들은 쿠키를 좋아하지요. 아이들이 하루에 한 장씩 꼭 먹으면 좋은 치즈를 넣어서 쿠키를 만들어 보세요. 쿠키 반죽을 넓게 편 후 초콜릿 펜으로 그림 그리는 것도 무척 좋아한답니다. 울퉁불퉁 나만의 쿠키를 만들면 성취감과 자신감이 쑥쑥! 쿠키는 식힌 후 포장해서 친구들에게 선물로도 줄 수 있어서 주는 기쁨까지 알 수 있어요!

이런 점이 좋아요

다양한 모습의 쿠키를 만들면 창의력이 좋아져요!

준비물

박력분 100g, 달걀노른자 2개, 황치즈 가루 25g, 무염 버터 30g, 슈가 파우더 40g, 소금 한 꼬집, 손 거품기, 주걱, 위생 장갑, 도마, 밀대, 모양 틀, 초콜릿 펜

1 녹인 버터에 슈가 파우더, 박력분, 소금 한 꼬집을 넣어 섞은 뒤 달걀 노른자를 풀어 거품기로 잘 섞어 주세요.

점점 빡빡해져요!

2 황치즈 가루를 넣어서 섞어 주세요.

tip :) 가루의 상태와 색깔이 변하는 것을 관찰하고 이야기를 나누어 보세요.

3 위생 장갑을 끼고 주무르며 잘 반죽한 것을 밀대로 0.5cm 정도로 밀어서 평평하게 만들어 주세요.

이건 진저브레드맨이야!

4 쿠키 커터로 꾹 눌러서 모양을 내 주세요.

5 오븐팬 위에 유산지를 깔고 반죽을 올려준 뒤 초콜릿 펜으로 쿠키를 꾸며 주세요.

6 180° 오븐에 13~15분 구워주면 쿠키 완성!

7 다 구운 쿠키는 식힘망에 올려서 식혀 주세요.

놀이 플러스

손으로 여러 가지 모양을 만들어도 재밌어요! 채소 즙이나 식용 색소를 이용하면 색깔을 내서 더욱 예쁜 쿠키를 만들 수 있답니다! (색깔 수제비 만드는 방법 - part 6. 요리-06 '컬러 수제비' 참조)

23 앞으로 말고 옆으로 접고

놀이 연령 4세

치즈가 쭈욱 늘어나는 치즈스틱을 만들자!

아이들이 먹는 치즈를 손으로 돌돌 말아 보세요. 만두피를 이용해서 김밥을 말 듯이 돌돌 말아보면 "이렇게 치즈 스틱을 만드는 거예요?"라고 한답니다. 만두를 만들 때만 사용하는 줄 알았던 만두피로 다른 것도 만들 수 있다는 사실에 창의적 발상도 늘어나고, 엄마만 요리하는 줄 알았는데 본인도 할 수 있다는 것에 뿌듯함을 느껴요. 자신감이 쑥 올라가겠죠?

이런 점이 좋아요

온도에 따른 치즈 변화 과정을 알 수 있고 소근육을 발달시킬 수 있어요!

준비물

만두피, 스트링 치즈, 체다 치즈, 물, 도마, 플라스틱 칼, 식용유

1 칼을 이용해 체다치즈를 반으로 잘라 주세요.

2 만두피를 물에 담궜다가 빼 주세요.

치즈가 2개나 있으니 정말 맛있겠다!

3 만두피 두 개를 겹치듯 놓고, 그 위에 체다치즈와 스트링 치즈를 올려 주세요.

4 만두피 앞과 뒤를 잘 덮어 주세요.

5 왼쪽과 오른쪽도 잘 덮어 주세요.

6 프라이팬에 올리브유를 두른 뒤 만두피를 올린 후 중약불로 구워 주세요.

7 만두피 겉이 노릇노릇해지면 접시에 담아 주세요.

tip :) 따뜻할 때 포크로 찍어 먹으면 치즈가 쭈욱 늘어나는 것을 볼 수 있어요!

24 쫀득쫀득 진달래 화전

놀이 연령
4세

눈으로 먼저 먹는 알록달록 진달래 화전을 만들어 보자!

봄비가 온 다음 날, 산책을 나가서 진달래 꽃잎을 몇 장 주워왔어요. 진달래 화전은 찹쌀가루를 익반죽하여 둥글게 빚은 다음 꽃잎을 얹어 기름에 구워 먹는 음식이에요. 밀가루 반죽을 손으로 동글동글 빚으며 촉감도 느껴 보세요. 눈과 입이 즐거운 진달래 화전을 만들어 먹으면 아이들은 몸으로 봄을 느끼지요! 꿀에 찍어 먹으며 달콤한 추억을 쌓아 보세요!

이런 점이 좋아요

먹어도 되는 꽃이 있다는 것을 알 수 있어요!

준비물

진달래꽃, 찹쌀가루 종이컵 2컵, 뜨거운 물 ½컵, 소금 한 꼬집, 올리브유, 프라이팬, 뒤집개, 접시, 꿀

물에 담그니 꽃이
활짝 피네!

1 꽃받침과 꽃술을 제거한 뒤에
물에 담궈 씻어 주세요.

tip :) 알레르기 반응이 일어날 수 있으니
꽃받침과 꽃술은 꼭 제거해요.

2 비닐에 찹쌀가루를 넣고 뜨거
운 물을 조금씩 부어가면서 익
반죽해 주세요.

tip :) 찬물로 하면 구웠을 때 갈라져요!

둥글게~
예쁘게~

3 반죽이 되직해지면 조금씩 떼
어서 동글동글 굴려 주세요.

4 집시 밑바닥을 이용해서 꾹
눌러 주면 넓적한 동그라미가
돼요.

5 꽃잎의 물기를 제거해 주세요.

6 올리브유를 두르고 약불에 반
죽을 올려 익히고 뒤집은 반죽
위에 꽃잎을 살포시 올려 주고
적당히 익으면 불을 꺼 주세요.

7 진달래 화전 완성! 꿀을 찍어
먹으면 더 맛있어요!

tip :) 꽃을 올리고 나서 뒤집으면 탈 수 있
으니 뒤집지 않고 불을 꺼주는 게 중요해
요!

🎈 놀이 플러스 🎡

식용 꽃으로 다양한 화전을 만들어
보세요. 보기에도 예쁘고 꿀을 찍어
먹으면 맛도 좋은 화전은 아이들 간
식으로 최고예요! 꽃의 색채감을 위
해서 양쪽 면을 다 구운 후에 위에 꽃
을 살짝 얹어서 마무리로 구워줘야
더 예쁜 모습을 유지할 수 있다는 것
을 잊지 마세요!
태양 모양 얼굴을 그린 뒤 남은 꽃으
로 테두리를 꾸미면 미적 정서도 쑥
쑥 높아지겠죠!

25 알쏙달쏙 모양 떡

천연가루로 색깔 떡을 만들어 보자!

놀이 연령
4세

떡을 재미있는 모양으로 다양하게 만들어 보자!

이런 점이 좋아요

모양 떡을 만들며 손 근육과 집중력을
키울 수 있고 창의력은 높아져요!

준비물

고운 멥쌀 가루 800g, 백년초 가루
2T, 단호박 가루 2T, 녹차 가루
2T, 흑임자 가루 2T, 설탕 4T, 소금
1T, 뜨거운 물, 속재료(참깨 1컵,
설탕 1T, 소금 1T, 꿀 2T), 절구통,
절구, 찜기, 티스푼, 요리용 붓

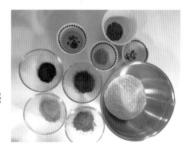

1 절구통에 깨 1컵, 소금 1T를 넣어 빻고 설탕 1T, 꿀 2T(올리고당)을 넣어 잘 섞어서 송편 소를 만들어 주세요.

2 접시 4개에 쌀가루 200g, 설탕 1T, 소금 두 꼬집씩 나눠 넣어 주세요.

3 뜨거운 물 10T를 부어 손으로 익반죽을 하며 가루에서 반죽이 되는 과정을 지켜 보세요.

tip :) 물이 뜨거우니 식으면 만져요!

4 쌀가루가 찰흙처럼 변한 것을 관찰해 보세요.

tip :) 랩으로 반죽을 돌돌 만 후 실온에 30분간 놔두면 더 찰진 반죽이 돼요!

5 티스푼으로 반죽 안에 송편소를 넣어가며 자유롭게 송편을 만들어 보세요.

내가 만든 외계인 ET야~!

6 오징어, 외계인, 물고기, 꽃게, 도깨비 등 열심히 만들어 보세요!

반짝반짝해!

7 물이 끓는 찜기 위에 면포를 깔고 송편을 얹혀 주세요. 30분간 찐 후 식힌 뒤 접시에 옮겨 참기름을 발라 주면 송편 완성!

놀이 플러스

쌀가루 200g, 딸기 가루 2T, 설탕 1T, 소금 두 꼬집을 비닐에 넣고 섞은 후 뜨거운 물 10T를 넣고 익반죽해 주세요. 설탕, 꿀, 빻은 깨를 넣고 섞어서 송편 소를 만든 뒤 반죽 안에 넣어서 송편을 만들어 주세요. 찜기에 30분가량 찌면 예쁜 분홍색 송편이 완성!

엄마표

우리아이 첫 미술놀이 150

초판 1쇄 발행 2022년 2월 15일

지 은 이 **오승희**
펴 낸 이 **한승수**
펴 낸 곳 **티나**
편   집 **고은정**
디 자 인 **오주희 장지윤**
마 케 팅 **박건원 김지윤**

등록번호 제2016-000080호
등록일자 2016년 3월 11일
주   소 서울특별시 마포구 동교로27길 53 지남빌딩 309호
전   화 02 338 0084
팩   스 02 338 0087
메   일 moonchusa@naver.com

ISBN 979-11-88417-50-6 03590